工学结合·基于工作过程导向的项目化创新系列教材

传感器与应用技术

Chuanganqi yu Yingyong Jishu

▲主 编 郝 琳 詹跃明 张 虹

▲副主编 宋蒙蒙 刘 真 欧阳志红 左 可

华中科技大学出版社
http://www.hustp.com
中国·武汉

内 容 简 介

"传感器与应用技术"是自动化、机电一体化等专业的专业课。随着我国相关工业产业的日新月异,传感器技术也在拓展着自身的应用领域。编者们怀着培养高职院校实践应用型人才的愿望,编写了《传感器与应用技术》这本书。

本书在介绍传感器技术的同时,注重理论与实际的联系,使学生了解最常用和最新的传感器,在语言表达方式上力求做到言简意赅,简洁易懂,以增强学生的学习热情与兴趣。

本书共十三章,介绍了传感器的基础知识,以及电阻式传感器、电容式传感器、电感式传感器、热电式传感器、压电式传感器、光电式传感器、光纤传感器、图像传感器、超声波传感器、红外传感器、气敏传感器和湿敏传感器及其他类型传感器。全书围绕各种传感器的基本原理和应用实例两个方面进行阐述,使学生在掌握基本原理的基础上,能够灵活应用,学会将传感器得到的微弱信号通过测量电路转换成可测量的信号的方法。

图书在版编目(CIP)数据

传感器与应用技术/郝琳,詹跃明,张虹主编.—武汉:华中科技大学出版社,2017.6(2022.1重印)
ISBN 978-7-5680-1718-3

Ⅰ.①传… Ⅱ.①郝… ②詹… ③张… Ⅲ.①传感器-高等职业教育-教材 Ⅳ.①TP212

中国版本图书馆 CIP 数据核字(2016)第 088203 号

传感器与应用技术   郝 琳 詹跃明 张 虹 主编
Chuanganqi yu Yingyong Jishu

策划编辑:袁 冲
责任编辑:刘 静
责任监印:朱 玢
出版发行:华中科技大学出版社(中国·武汉)   电话:(027)81321913
         武汉市东湖新技术开发区华工科技园   邮编:430223
录 排:武汉正风天下文化发展有限公司
印 刷:武汉邮科印务有限公司
开 本:787mm×1092mm 1/16
印 张:10
字 数:245 千字
版 次:2022 年 1 月第 1 版第 4 次印刷
定 价:28.00 元

智者解决问题，天才预防问题。

Intellectuals solve problems, geniuses prevent them.

不要试图去做一个成功的人，要努力成为一个有价值的人。

Try not to become a man of success, but rather try to become a man of value.

——阿尔伯特·爱因斯坦（**Albert Einstein**）

　　阿尔伯特·爱因斯坦(1879.3.14—1955.4.18)，犹太裔物理学家。他于1879年出生于德国乌尔姆市的一个犹太人家庭(父母均为犹太人)，1900年毕业于苏黎世联邦理工学院，入瑞士国籍。1905年，获苏黎世大学哲学博士学位。爱因斯坦提出光量子假说，成功解释了光电效应，因此获得1921年诺贝尔物理学奖，同年创立狭义相对论。1915年，创立广义相对论。

　　爱因斯坦的学说为核能开发奠定了理论基础，他本人被公认为是继伽利略、牛顿以来最伟大的物理学家。

　　传感器技术是信息技术的三大支柱之一,是感知、获取、处理与传输的关键,是实现现代化测量和自动控制的主要环节。传感器作为信息获取的工具,在当今现代化事业中的重要性越来越为人们所认识。"传感器与应用技术"是自动化、机电等专业的专业课程,涉及电路、电子测量等专业基础知识,是工业自动化设备、测控仪器等获取信息的必要手段。

　　本书是针对应用型高职学生而编写的。在本书的编写过程中,编者们注重理论与实际的结合,围绕知识基础,重在应用,内容的选取贴近电气与机电专业,由浅入深,循序渐进,应用部分与实际相结合,图文并茂,在内容上采用简洁的表述方式,略去了烦琐的公式推导和理论分析。

　　本书的编者们从事传感器教学与研究工作多年。本书的主要内容是编者们在传感器及其相关课程中的教学内容,同时也参考了国内外传感器技术的相关专著和论文。在本书的编写过程中,还有许多老师给予了很大帮助,在此,向对本书的编写给予热情帮助的同人们表示感谢。另外,在本书的编写过程中,参考了很多书籍与文献,并在网络上查阅、收集了相关资料,如传感器应用网、智能电网、中国物联网等。

　　限于编者自身的学识和水平,加上时间仓促,书中难免存在疏漏和错误之处,恳请读者批评指正。

编　者

2017 年 3 月

第 1 章
传感器的基础知识

人类为了从外界获取信息,必须借助于感觉器官。人类依靠这些器官接收来自外界的刺激,再通过大脑分析判断、发出命令而动作。随着科学技术的发展和人类社会的进步,人类要进一步认识自然和改造自然,只靠这些感觉器官就显得不够用了。于是,一系列代替、补充、延伸人的感觉器官功能的各种手段就应运而生,从而出现了各种用途的传感器。传感器的历史可以追溯到远古时代,公元前 1000 年左右,中国的指南针、记里鼓车(中国古代用于计算道路里程的车)已开始使用。

简单地说,传感器的功能类似于人类五官的功能,即感知外界事物并做出反应。例如,人在遇到障碍物时,眼睛看到前方障碍物,将这一信息传递给大脑,大脑随即发出指令控制腿转向,绕过障碍物,其过程如图 1-1 所示。

图 1-1 人工控制过程

传感器处于研究对象与测试系统的接口位置,即检测与控制系统之首。因此,传感器成为感知、获取与检测信息的窗口,一切科学研究与自动化生产过程要获取的信息,都要通过传感器获取并通过它转换为容易传输与处理的电信号或其他所需形式的信息。所以,自20 世纪 80 年代以来,世界各国都将传感器技术列为重点发展的高技术,传感器技术备受重视。

传感器(英文名称:transducer/sensor)是一种检测装置,能感受到被测量的信息,并能将感受到的信息,按一定规律变换成为电信号或其他所需形式的信息输出,以满足信息的传输、处理、存储、显示、记录和控制等要求。

传感器技术是材料学、力学、电学、磁学、微电子学、光学、声学、化学、生物学、精密机械学、仿生学、测量技术、半导体技术、计算机技术、信息处理技术乃至系统科学、人工智能、自动化技术等众多学科相互交叉的综合性高新技术密集型前沿技术,广泛应用于航空航天、兵器、信息产业、机械、电力、能源、交通、冶金、石油、建筑、邮电、生物、医学、环保、材料、灾害预测预防、农林渔业、食品、烟酒制造、汽车、舰船、机器人、家电、公共安全等领域。前瞻产业研究院发布的《2015—2020 年中国传感器制造行业发展前景与投资预测分析报告》显示,传感器广泛应用于社会发展及人类生活的各个领域,如机械设备制造、家用电器、科学仪器仪表、医疗卫生、医疗诊断、通信电子,以及汽车、工业自动化、农业现代化、航天技术、军事工程、机器人技术、资源开发、海洋探测、环境监测、安全保卫、交通运输等领域。

传感器技术与通信技术、计算机技术构成信息技术的三大支柱。

21 世纪是人类全面进入信息电子化的时代,人类探知领域和空间的拓展,使得人们需要获得的自然信息的种类日益增加,信息传递的速度加快,信息处理能力增强,因此要求与此相对应的信息获取技术即传感器技术必须跟上信息化发展的需要。

◀ 1.1 传感器概述 ▶

1.1.1 传感器的定义和组成

1. 传感器的定义

随着真空管和半导体等有源元件的可靠性的提高,以电量作为输出的传感器得到飞速发展。目前只要提到传感器,一般都是指具有电输出的装置。集成电路技术和半导体应用技术的发展,促使人们研究开发了性能更好的传感器。随着电子设备水平的不断提高以及电子设备功能的不断加强,传感器显得越来越重要。世界各国都将传感器技术列为重点发展的高新技术,传感器技术已成为高新技术竞争的核心技术之一,并且发展十分迅速。

什么叫传感器?从广义上讲,传感器就是能感知外界信息并能按一定规律将这些信息转换成可用信号的装置,简单地说,传感器是将外界信号转换为电信号或其他可用信号的装置。国家标准 GB/T 7665—2005 对传感器下的定义是:"能感受规定的被测量并按照一定的规律转换成可用信号的器件或装置,通常由敏感元件和转换元件组成"。也就是说,传感器是一种检测装置,能感受到被测量的信息,并能将检测、感受到的信息,按一定规律变换成电信号或其他所需形式的信息输出,以满足信息的传输、处理、存储、显示、记录和控制等要求。它是实现自动检测和自动控制的首要环节。也就是说,对于图 1-1 所示的环节,如果在自动控制系统中,障碍物相当于被测对象,传感器相当于人眼,控制系统相当于大脑,传感器把非电量转换为电量输出。

2. 传感器的组成

传感器的组成如图 1-2 所示。

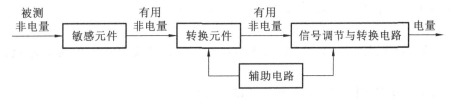

图 1-2 传感器的组成

1) 敏感元件

敏感元件是指能够直接感受被测非电量,并按一定规律将其转换成与被测量有确定关系的其他量的元件。如应变式压力传感器的弹性膜片就是敏感元件,其作用是将压力转换成弹性膜片的变形。

2) 传感元件

传感元件又称变换器,是指能将敏感元件感受到的被测非电量直接转换成电量的器件。一般情况下,转换元件不直接感受被测量,特殊情况下例外,如应变式压力传感器中的应变片就是转换元件,其作用是将弹性膜片的变形转换成电阻值的变化。

提示：

并不是所有的传感器都必须同时含有敏感元件和转换元件。如果敏感元件直接输出电信号，它就同时兼为转换元件，敏感元件和转换元件合二为一的传感器有很多，如压电式传感器、热电偶传感器、热电阻传感器、光电器件等。

3）信号调节与转换电路

信号调节与转换电路是指把传感元件输出的电信号进行放大、滤波、运算、调制等，转换为便于显示、记录、处理和控制的有用电信号的电路。

4）辅助电路

辅助电路通常包括电源等。需要外部接电源的传感器称为无源传感器，不需要外部接电源的传感器称为有源传感器，如电阻式、电感式和电容式传感器就是无源传感器，工作时需要外部电源供电。压电式传感器、热电偶传感器是有源传感器，工作时不需要外部电源供电。

1.1.2　传感器的分类

目前对传感器尚无一个统一的分类方法，比较常用的有如下几种。

（1）按传感器工作原理分类，可分为电阻式传感器、电容式传感器、电感式传感器、电压式传感器、霍尔式传感器、光电式传感器、光栅式传感器、热电偶传感器等。

（2）按传感器测量的物理量分类，可分为位移传感器、力传感器、速度传感器、温度传感器、流量传感器、气体传感器、角度传感器、气体成分传感器等。

（3）按传感器输出信号的性质分类，可分为输出为开关量（"1"和"0"或"开"和"关"）的开关型传感器、输出为模拟量的模拟型传感器、输出为脉冲或代码的数字型传感器。

（4）按照传感器转换能量的方式分类，可分为以下两类。

① 能量转换型：如压电式、热电偶、光电式传感器等。

② 能量控制型：如电阻式、电感式、霍尔式等传感器以及热敏电阻、光敏电阻、湿敏电阻等。

（5）按照传感器工作机理分类，可分为以下两类。

① 结构型：如电感式、电容式传感器等。

② 物性型：如压电式、光电式、半导体式传感器等。

（6）按照传感器输出信号的形式分类，可分为以下两类。

① 模拟式：传感器输出为模拟电压量。

② 数字式：传感器输出为数字量，如编码器式传感器等。

1.1.3　传感器的地位

人们为了从外界获取信息，必须借助于感觉器官。若单靠人们自身的感觉器官，在研究自然现象和自然规律以及在生产活动中，它们的功能就远远不够了。为适应这种情况，就需要传感器。因此可以说，传感器是人类五官的延长，又称为电五官。

新技术革命的到来,使世界进入信息时代。在利用信息的过程中,首先要解决的就是要获取准确可靠的信息,而传感器是获取自然和生产领域中的信息的主要途径与手段。在基础学科研究中,传感器处于较突出的地位。现代科学技术进入许多新领域。此外,还出现了认识物质、开拓新能源与新材料等具有重要作用的各种极端技术研究,如超高温、超低温、超高压、超高真空、超强磁场、超弱磁场等。显然,要获取大量人类感官无法直接获取的信息,没有相适应的传感器是不可能的。许多基础科学研究的障碍,首先就在于对象信息的获取存在困难,而一些新机理和高灵敏度的检测传感器的出现,往往会引起该领域内研究的突破。一些传感器的发展,往往是一些边缘学科开发的先驱。

传感器早已渗透到诸如工业生产、宇宙开发、海洋探测、环境保护、资源调查、医学诊断、生物工程甚至文物保护等极其广泛的领域。可以毫不夸张地说,从茫茫的太空到浩瀚的海洋,以至各种复杂的工程系统,几乎每一个现代化项目,都离不开各种各样的传感器。

由此可见,传感器技术在发展经济、推动社会进步方面的作用是十分明显的。世界各国都十分重视这一领域的研究。相信在不久的将来,传感器技术将会出现一个飞跃,达到与其重要地位相称的新水平。

1.1.4 传感器技术的主要应用

随着现代科学技术的高速发展和人们生活水平的迅速提高,传感器技术受到越来越普遍的重视,它的应用已渗透到国民经济的各个领域。

1. 在工业生产过程中测量与控制方面的应用

在工业生产过程中,必须对温度、压力、流量、液位和气体成分等参数进行检测,从而实现对工作状态的监控。诊断生产设备的各种情况,使生产系统处于最佳状态,可以保证产品质量,提高效益。目前传感器与微机、通信等的结合渗透,使工业监测自动化,且具有准确、高效等优点。如果没有传感器,现代工业生产程度将会大大降低。

2. 在汽车中的应用

随着人们生活水平的提高,汽车逐渐走进千家万户。汽车的安全舒适、低污染、高燃率越来越受到社会的重视,而传感器在汽车中相当于感官和触角。只有使用它才能准确地采集汽车工作状态的信息,提高自动化程度。普通汽车一般装有 10～20 只传感器,而有些高级豪华车所用传感器多达 300 只。传感器作为汽车的关键部件,将直接影响到汽车技术性能的发挥。

汽车传感器主要分布在发动机控制系统、底盘控制系统和车身控制系统。例如:向发动机的电子控制单元(ECU)提供发动机的工作状况信息,对发动机工作状况进行精确控制,这就需要安装温度、压力、位置、转速、流量、气体浓度和爆震传感器等;底盘有控制变速器系统、悬架系统、动力转向系统、制动防抱死系统等,这就需要安装速度、加速度、温度传感器等。

3. 在现代医学领域的应用

对人体的健康状况进行诊断需要进行多种生理参数的测量,需要人们快速、准确地获取相关信息。作为拾取生命体征信息的电五官,医学传感器的作用日益显著,并得到广泛应用。例如:在图像处理,临床化学检验,生命体征参数的监测,呼吸、神经、心血管疾病的诊断与治疗等方面,传感器的使用十分普遍。传感器在现代医学仪器设备中已无所不在。国内已经成功地开发出了用于测量近红外组织血氧参数的检测仪器。人类基因组计划的研究也大大促进了对酶、免疫、微生物、细胞、DNA、RNA、蛋白质、嗅觉、味觉和体液组分,以及血气、血压、血流量、脉搏传感器等的研究。

4. 在环境监测方面的应用

近年来,环境污染问题日益严重,保护环境和生态平衡,实现可持续发展,必须进行大气监测和江河湖海水质监测,人们迫切希望拥有一种能对污染物进行连续、快速、在线监测的仪器,传感器满足了人们的要求。目前。已有相当一部分生物传感器应用于环境监测中,如大气环境监测。二氧化硫是酸雨酸雾形成的主要原因。传统的监测方法很复杂。现在将亚细胞类脂类固定在醋酸纤维膜上,和氧电极制成安培型生物传感器,可对酸雨酸雾样品溶液进行监测,大大简化了监测方法。还有污水流量、pH酸碱度、电导、浊度、粉尘、烟尘等的监测普遍用到传感器。

5. 在军事方面的应用

先进的科学技术总是最先被用于战争。以坦克、飞机、军舰为标志的作战平台是传统的主战兵器,各类传感器不过是配属的保障装置。在军事方面,传感器技术在军用电子系统中的运用促进了武器、作战指挥、控制、监视和通信方面的智能化;传感器在远方战场监视系统、防空系统、雷达系统、导弹系统等中都有广泛的应用,是提高军事战斗力的重要因素。

6. 在家用电器方面的应用

20世纪80年代以来,随着以微电子为中心的技术革命的兴起,家用电器向自动化、智能化、节能、无环境污染的方向发展。自动电饭锅、吸尘器、空调器、电子热水器、风干器、电熨斗、电风扇、洗衣机、洗碗机、照相机、电冰箱、电视机、录像机、家庭影院无一缺少传感器。自动化和智能化的中心就是研制由微型计算机和各种传感器组成的控制系统。例如:一台空调器采用微型计算机控制配合传感器技术,可以实现压缩机的启动、停机、风扇摇头、风门调节、换气等,从而对温度、湿度和空气浊度进行控制。随着人们对家用电器方便、舒适、安全、节能的要求的提高,传感器的应用将越来越广泛。

7. 在学科研究方面的应用

随着科学技术的不断发展,出现了许多新的学科领域。无论是宏观的宇宙,还是微观的粒子世界,许多未知的现象和规律要获取大量人类感官无法获得的信息,没有相应的传感器是不可能的。

8. 在智能建筑领域中的应用

为使建筑物成为安全、健康、舒适、温馨的生活、工作环境,并能保证系统运行的经济性和管理的智能化,在楼宇中应用了许多测试技术,如闯入监测、空气监测、温度监测、电梯运行状况监测。智能建筑是建筑的一种必然趋势,它涵盖了智能自动化、信息化、生态化等多方面的内容,具有微型集成化、高精度、数字化和智能化特点的智能传感器将在智能建筑中占有重要的地位。

9. 在自动监测与自动控制系统中的应用

在电力、冶金、石化、化工等流程工业中,生产线上设备的运行状态关系到整个生产线流程。对于自动检测与自动控制系统,通常建立 24 小时在线监测系统。例如,石化企业输油管道、储油罐等压力容器的破损和泄漏检测,就使用了 24 小时在线监测系统。

图 1-3 所示的为传感器在自动检测与自动控制系统中的应用示例。

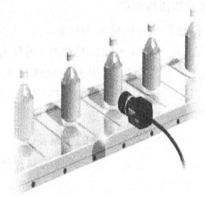

(a) 自动检测轴承滚珠是否脱落　　　　(b) 自动检查容器内液体是否为空

图 1-3　传感器在自动检测与自动控制系统中的应用示例

1.1.5　传感器的发展方向

科学技术的发展使得人们对传感器技术越来越重视,认识到它是影响人们生活水平的重要因素之一。因此,对传感器的开发成为目前最热门的研究课题之一。传感器技术的发展趋势可以从以下几个方面来看:一是开发新材料、新工艺和新型传感器;二是实现传感器的多功能、高精度、集成化和智能化;三是通过传感器与其他学科的交叉整合,实现无线网络化。

1. 开发新型传感器

传感器的工作机理是各种物理(化学或生物)效应和定律,由此启发人们进一步探索具有新效应的敏感功能材料,并以此研制具有新原理的新型传感器,这是发展高性能、多功能、低成本和小型化传感器的重要途径。

2. 开发新的传感器材料

开发新的传感器材料是传感器技术的重要内容。随着传感器技术的发展,除了早期使用的材料,如半导体材料、陶瓷材料以外,光导纤维、纳米材料、超导材料等相继问世,人工智能材料更是将我们带入一个新的天地。人工智能材料同时具有三个特征:能感知环境条件的变化(传统传感器的功能);具有识别、判断(处理器)功能;具有发出指令和自采取行动(执行器)功能。随着研究的不断深入,还会有更多更新的传感器材料被开发出来。

3. 开发集成化传感器

传感器集成化包含两种含义:一种是同一功能的多元件并列,目前发展很快的自扫描光电二极管列阵、CCD 图像传感器就属此类传感器;另一种是功能一体化,即将传感器与放大、运算以及温度补偿等环节一体化,组装成一个器件,例如把压敏电阻、电桥、电压放大器和温度补偿电路集成在一起的单块压力传感器。

4. 开发多功能集成传感器

多功能是指一器多能，即一个传感器可以检测两个或两个以上的参数，如最近国内已经研制的硅压阻式复合传感器，可以同时测量温度和压力等。

5. 开发智能传感器

智能传感器是将传感器与计算机集成在一块芯片上的装置，它与敏感技术和信息处理技术相结合，除了具有感知的功能外，还具有认知能力。例如：将多个具有不同特性的气敏元件集成在一个芯片上，利用图像识别技术处理，可得到不同灵敏模式，然后将这些模式所获取的数据进行计算，并与被测气体的模式进行类比推理或模糊推理，可识别出气体的种类和各自的浓度。

6. 开发多学科交叉融合的传感器

无线传感器网络是由有无线通信与计算能力的微小传感器节点构成的自组织分布式网络系统，是能根据环境自主完成指定任务的"智能"系统。它是涉及微传感器与微机械、通信、自动控制、人工智能等多学科的综合技术，其应用已由军事领域扩展到防爆、环境监测、医疗保健、家居、商业、工业等众多领域，有着广泛的应用前景。1999 年和 2003 年美国《商业周刊》和《麻省理工技术评论》在预测未来技术发展的报告中，分别将其列为 21 世纪最具影响的 21 项技术之一和改变世界的 10 大新技术之一。

7. 传感器加工技术微精细化

随着传感器产品质量档次的提升，加工技术的微精细化在传感器的生产中占有越来越重要的地位。微机械加工技术是近年来随着集成电路工艺发展起来的，它是离子束、电子束、激光束和化学刻蚀等用于微电子加工的技术，目前已越来越多地用于传感器制造工艺，例如溅射、蒸镀等离子体刻蚀、化学气相淀积（CVD）、外延生长、扩散、腐蚀、光刻等。传感器技术的另外一个发展趋势是越来越多的生产厂家将传感器作为一种工艺品来精雕细琢。无论是每一根导线，还是导线防水接头的出孔，无论是每一个角落，还是每一个细节，传感器的制作都达到了工艺品水平。例如，日本久保田公司的柱式传感器，它外加了一个黑色的防尘罩。柱式传感器的底座一般易进沙尘及其他物质，而底座一旦进了沙尘或其他物质后，对传感器来回摇摆会产生影响，外加防尘罩后显然克服了上述弊端。这个设计充分考虑了用户使用现场环境要求，而且制作工艺、外观非常考究。

◀ 1.2 传感器的性能指标 ▶

在生产过程中，需要对各种各样的参数进行检测和控制，这就要求传感器不仅能感受到非电量的变化，还能不失真地将其变换成另一种非电量或电量输出，这取决于传感器的基本特性，即传感器的输入-输出特性。它是传感器的内部结构参数和性能参数相互作用后在外部的表现，不同类型的传感器有不同的内部结构和性能参数，这些内部参数决定了它们具有不同的外部特性。

传感器的输入（被测量）一般有两种形式：一是静态信号，即输入信号不随时间变化或变化极其缓慢；二是动态信号，即输入信号随时间的变化而变化。由于输入信号的不同，传感器所呈现出来的输入-输出特性也不同,因此传感器的性能评价指标有动态特性和静态特性。

1.2.1 传感器的静态特性

传感器的静态特性是指被测量的值处于稳定状态时输出与输入之间的关系。因为这时输入量和输出量都和时间无关,所以它们之间的关系,即传感器的静态特性可用一个不含时间变量的代数方程,或以输入量作横坐标,把与其对应的输出量作纵坐标而画出的特性曲线来描述。表征传感器静态特性的主要参数有线性度、灵敏度、分辨力、迟滞、重复性、稳定性和漂移等。

1. 传感器的线性度

通常情况下,传感器的实际静态特性输出是曲线而非直线。在实际工作中,为使仪表具有均匀刻度的读数,常用一条拟合直线近似地代表实际的特性曲线。线性度(非线性误差)就是这个近似程度的一个性能指标。如果不考虑迟滞和蠕变等因素,传感器的输出与输入关系可用一个多项式表示:

$$y = a_0 + a_1 x + a_2 x^2 + a_3 x^3 + \cdots + a_n x^n \tag{1-1}$$

式中:a_0——零点输出;

a_1——理论灵敏度;

$a_2, a_3, \cdots, a_n$——非线性项系数;

x——输入量;

y——输出量。

该多项式有以下四种情况,如图 1-4 所示。

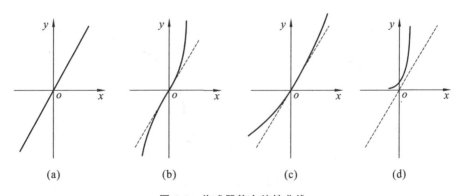

图 1-4 传感器静态特性曲线

(1) 理想线性。

这种情况如图 1-4(a)所示。此时,$a_0 = a_2 = a_3 = \cdots = a_n = 0$,所以

$$y = a_1 x \tag{1-2}$$

因为直线上所有点的斜率都相等,所以传感器的灵敏度为

$$a_1 = \frac{y}{x} = K = 常数 \tag{1-3}$$

(2) 输入-输出特性曲线关于原点对称。

这种情况如图 1-4(b)所示。此时,在原点附近相当范围内曲线基本呈线性,式(1-1)只存在奇次项：

$$y = a_1 x + a_3 x^3 + a_5 x^5 + \cdots \tag{1-4}$$

（3）输出-输入特性曲线不对称。

这时，式(1-1)变为

$$y = a_1 x + a_2 x^2 + a_4 x^4 + \cdots \tag{1-5}$$

对应曲线如图 1-4(c)所示。

（4）普遍（实际）情况。

普遍情况下的表达式就是式(1-1)，对应的曲线如图 1-4(d)所示。

拟合直线的选取有多种方法，如将零输入点和满量程输出点相连的理论直线作为拟合直线，将与特性曲线上各点偏差的平方和为最小的理论直线作为拟合直线（此拟合直线称为最小二乘法拟合直线）等。

2. 传感器的灵敏度

灵敏度是指传感器在稳态工作情况下输出量变化 Δy 对输入量变化 Δx 的比值。它是输出-输入特性曲线的斜率。如果传感器的输出和输入之间呈线性关系，则灵敏度 S 是一个常数。否则，它将随输入量的变化而变化。

$$S = \frac{\Delta y}{\Delta x} \tag{1-6}$$

如果传感器的输出值和输入值之间呈线性关系，那么灵敏度 S 是一个常数。若传感器的输出值与输入值之间是非线性关系，那么输入值不同时灵敏度 S 是不同的。常用 $\mathrm{d}y/\mathrm{d}x$ 表示在某一工作点处的灵敏度，它随输入值的变化而变化。传感器的灵敏度如图 1-5 所示。

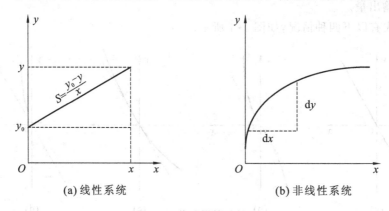

(a) 线性系统　　　　　　　(b) 非线性系统

图 1-5　传感器的灵敏度

灵敏度的量纲是输出量、输入量的量纲之比。例如，某位移传感器，当位移变化 1 mm 时，输出电压变化为 200 mV，则其灵敏度应表示为 200 mV/mm。

当传感器的输出量、输入量的量纲相同时，灵敏度可理解为放大倍数。提高灵敏度，可得到较高的测量精度，但灵敏度越高，传感器的测量范围越窄，稳定性也往往越差。

3. 传感器的分辨力

分辨力是指传感器可能感受到的被测量的最小变化的能力。也就是说，如果输入量从某一非零值缓慢地变化，当输入变化值未超过某一数值时，传感器的输出不会发生变化，即传感器对此输入量的变化是分辨不出来的，只有当输入量的变化超过分辨力时，其输出才会发生变化。

通常传感器在满量程范围内各点的分辨力并不相同,因此常用满量程中能使输出量产生阶跃变化的输入量中的最大变化值作为衡量分辨力的指标。上述指标若用满量程的百分比表示,则称为分辨率。

4. 传感器的迟滞

迟滞特性表征传感器在正向(输入量增大)和反向(输入量减小)行程间输出-输入特性曲线不一致的程度,通常用这两条曲线之间的最大差值 Δy_{max} 与满量程输出 $y_{F.S.}$ 的百分比表示。传感器的迟滞曲线如图 1-6 所示。

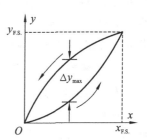

图 1-6 传感器的迟滞曲线

$$e_{h} = \pm \frac{1}{2} \frac{\Delta y_{max}}{y_{F.S.}} \times 100\% \qquad (1-7)$$

迟滞现象产生的主要原因是传感器的机械部分不可避免地存在着间隙、摩擦与松动。迟滞现象也可能是由传感器内部元件存在能量的吸收造成的。

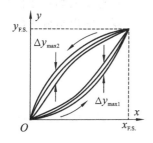

图 1-7 传感器的重复性曲线

5. 传感器的重复性

重复性是指在一段短的时间间隔内,在相同的工作条件下,传感器的输入量从同一方向作满量程变化,多次趋近并到达同一校准点时所测量的一组输出量之间的分散程度。传感器的重复性曲线如图 1-7 所示。传感器多次在相同输入条件下测量得到的输入-输出特性曲线重合度越高,误差越小,则其重复性越好。实际输入-输出特性曲线不重复的原因与迟滞产生的原因相同。重复性是检测系统最基本的技术指标,是其他各项指标的前提和保证。

$$e_{z} = \pm \frac{\Delta y_{max}}{y_{F.S.}} \times 100\% \qquad (1-8)$$

式中:Δy_{max}——Δy_{max1} 和 Δy_{max2} 这两个偏差中的较大者。

6. 传感器的稳定性

稳定性是指传感器在长时间内保持其原性能的能力。它有时称为长时间工作稳定性。

7. 传感器的漂移

漂移是在输入量不变的情况下,外界(如温度、噪声等)的干扰使传感器的输出量发生变化的现象。常见的漂移有零点漂移和温度漂移,一般可通过串联或并联可调电阻来消除。

1)零点漂移

零点漂移简称为零漂,是指传感器无输入时,其输出值偏移零值的现象。它主要是由传感器自身结构参数老化等引起的。

2)温度漂移

温度漂移简称为温漂,是指在工作过程中输入量没有发生变化,而只是环境温度发生了变化,使传感器的输出量发生了变化的现象。

1.2.2 传感器的动态特性

传感器的动态特性是指检测系统的输入为随时间变化的信号时,系统的输出与输入之间的关系。传感器常用于被测量动态变化的场合,被测量可能以各种形式随时间变化。只要输入量是时间的函数,则其输出量也将是时间的函数,输入与输出之间的关系要用动态特性来说明。一个动态特性好的传感器,其输出量将再现输入量的变化规律,即其输入量和输出量具有相同的时间函数。

1. 传感器的瞬态响应特性

传感器的瞬态响应是时间响应。在研究传感器的动态特性时,有时需要从时域中对传感器的响应和过渡过程进行分析,这种分析方法称为时域分析法。对传感器进行时域分析时,用得比较多的标准输入信号有阶跃信号和脉冲信号,传感器相应的输出瞬态响应分别称为阶跃响应和脉冲响应。

2. 传感器的频率响应特性

传感器对不同频率成分的正弦输入信号的响应特性,称为频率响应特性。一个传感器输入端有正弦信号作用时,其输出响应仍然是同频率的正弦信号,只是与输入端正弦信号的幅值和相位不同。频率响应法是从传感器的频率特性出发研究传感器的输出与输入的幅值比和两者相位差的变化。

> 提示:
> 动态特性与静态特性的主要区别是:动态特性中输出量与输入量不是定值,都是时间的函数,输出量随输入信号频率的变化而变化。

本章小结

传感器是信息获取与处理的源头,也是自动化系统的基本组成部分之一。本章的第一部分介绍了传感器的定义和组成,以及传感器在自动控制系统中的地位和作用,给出了传感器的分类方法。本章的第二部分首先介绍了传感器的静态特性指标,包括线性度、灵敏度、分辨力、迟滞、重复性、漂移等,接着介绍了传感器的动态特性指标,包括瞬态响应特性和频率响应特性。

思考与练习

1. 传感器的定义是什么?它一般是由哪几部分组成的?
2. 组成传感器的各部分的作用分别是什么?
3. 传感器的静态特性的定义是什么?静态特性有哪些技术指标?
4. 传感器的动态特性的定义是什么?动态特性有哪些技术指标?
5. 某传感器的输入量变化 0.4 时,输出量变化 0.8,该传感器的灵敏度为多少?

第2章
电阻式传感器

电阻式传感器是指能把位移、力、压力、加速度、扭矩等非电的被测物理量的变化转换为电阻变化的传感器。电阻式传感器包括热电阻、热敏电阻、光敏电阻、湿敏电阻、气敏电阻、磁敏电阻、压敏电阻、电位器式传感器、电阻应变式传感器、压阻式传感器等。

电阻式传感器的优点有以下四个。

(1) 结构简单、尺寸小、质量轻、价格低廉且性能稳定。

(2) 受环境因素(如温度、湿度、电磁场干扰等)影响小。

(3) 可以实现输入-输出间多种函数关系。

(4) 输出信号大,一般不需放大。

2.1 电阻应变式传感器

电阻应变式传感器由弹性元件和转换元件两大部分构成。它利用金属弹性体作为弹性元件,将电阻应变片粘贴在弹性元件的特定表面,当力、扭矩、速度、加速度或流量等物理量作用于弹性元件时,会导致弹性元件应力和应变的变化,进而引起电阻应变片电阻值的变化,电阻的变化经电路处理后以电信号的方式输出,这就是电阻应变式传感器的工作原理。

2.1.1 电阻应变片的基本原理

电阻应变片简称应变片,其转换原理基于金属电阻丝的电阻应变效应。所谓电阻应变效应,是指金属导体的电阻值随其形状的变化(伸长或缩短)而发生改变的一种物理现象。设有一根圆截面的金属丝(见图 2-1),其原始电阻值为

$$R=\rho \frac{1}{A} \tag{2-1}$$

式中:R——金属丝的原始电阻(Ω);

ρ——金属丝的电阻率($\Omega \cdot m$);

l——金属丝的长度(m);

A——金属丝的横截面面积(m^2)。

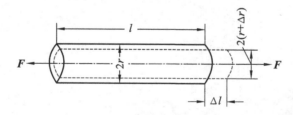

图 2-1 金属丝受拉变化图

当金属丝受外力作用时,其长度和横截面面积都会发生变化,从式(2-1)很容易看出,其电阻也会发生改变;当金属丝受外力作用而伸长时,其长度增加,横截面面积减小,电阻值便会增大;当金属丝受外力作用而缩短时,其长度减小而横截面面积增大,电阻值则会减小。只要测出电阻的变化(通常是测量电阻两端的电压),即可获得应变金属丝的应变情况。

2.1.2　电阻应变片的结构

电阻应变片结构示意图如图 2-2 所示。

应变片的工作宽度（基宽）a 是指在与应变片轴线相垂直的方向上,电阻丝（敏感栅）两最外侧之间的距离。应变片的工作基长（标距）l 是指应变片敏感栅在其轴线方向上的长度。对于带有圆弧端的敏感栅,l 就是指两端圆弧之间的距离。应变片敏感栅的有效工作面积为 al。

电阻丝（敏感栅）用于将应变量转换成电阻量。要求电阻丝灵敏系数大且稳定,电阻率高,电阻温度系数小,易加工成细丝和箔材,具有良好的焊接性能和抗氧化性能。多用作电阻丝的材料有铜镍合金、镍铬合金等。

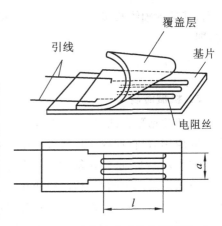

图 2-2　电阻应变片结构示意图

引线是指连接敏感栅和测量线路的丝状或带状的金属导线。一般要求引线材料灵敏系数大且稳定,电阻率高,电阻温度系数小,具有良好的焊接性能和抗氧化性能。常用的引线材料是紫铜,可以在紫铜引线的表面镀锡或镀银,以便于焊接。

覆盖层用于保护敏感栅使其避免受到机械损伤或防止高温氧化。要求覆盖层具有良好的机械特性。常用的覆盖层材料有纸和有机高分子材料等。

为保持敏感栅固定的形状、尺寸和位置,通常用黏结剂将其固结在纸质或胶质的基底（也称基片）上。基底起着使被测构件上的应变不失真地传递到敏感栅上的作用。基底应使电阻丝与弹性体之间具有足够强的电绝缘性能,并具有良好的机械特性。基底必须很薄,一般为 0.02～0.04 mm。常用的基底材料有纸和有机高分子材料,如环氧树脂等。

2.1.3　电阻应变片的主要参数及工作特性

1．电阻值 R

应变片没有粘贴也不受力时,在室温下测定的电阻值（标准化的阻值）是电阻应变片的原始电阻值 R。应变片原始电阻值有一个系列,如有 60 Ω、90 Ω、120 Ω、250 Ω、350 Ω、600 Ω 和 1 000 Ω 等,120 Ω 和 350 Ω 应用较多。

2．几何尺寸

如图 2-2 所示。标距 l 相对于工作宽度 a 较小时横向效应较大,所以通常尽量用 l 较大的应变片。但在应变变化梯度大的场合（如应力集中处）,则应该使用 l 小的应变片。目前最小标距可做到 0.2 mm,最大标距大于或等于 300 mm。a 较小时应变片的整体尺寸可减小,但散热性能变差。

3．绝缘电阻

绝缘电阻是指敏感栅与基底间的电阻,一般应大于 10^{10} Ω。绝缘电阻过小,会造成应变片与试件之间漏电。

4．灵敏系数

应变片灵敏系数（以下用 K 表示）的定义为:将应变片安装在处于单向应力状态的试件

表面,其灵敏轴线与应力方向平行时,应变片电阻值的相对变化 $\Delta R/R$ 与沿轴向的应变 ε 之比,即

$$K=\frac{\Delta R/R}{\varepsilon} \tag{2-2}$$

5. 机械滞后

应变片粘贴在试件上,应变片的指示应变与试件的机械应变之间应当是确定的关系,但在实际应用时,在加载和卸载过程中,对于同一机械应变,应变片卸载时的指示应变高于加载时的指示应变,这种现象称为应变片的机械滞后。

机械滞后产生的原因有:应变片在承受机械应变后的残余变形,使敏感栅电阻发生小量不可逆变化;在制造或粘贴应变片时,敏感栅产生不适当的变形或黏结剂固化不充分,等等。机械滞后值还与应变片所承受的应变量有关,加载时的机械应变越大,卸载时的机械滞后也越大。所以,通常在实验之前应将试件预先加载、卸载若干次,以减小因机械滞后所产生的实验误差。

6. 零漂

粘贴在试件上的应变片,在温度恒定、没有机械应变的情况下,电阻值随时间变化的特性称为零漂。

零漂产生的原因有:敏感栅通电后产生温度效应,应变片的内应力逐渐变化,黏结剂固化不充分,等等。

7. 蠕变

粘贴在试件上的应变片,当温度恒定,承受某一恒定的机械应变时,其电阻值随时间变化而变化的特性称为蠕变。

2.1.4　电阻应变片的分类

应变片根据敏感元件材料的不同分为金属式和半导体式两大类,如图 2-3 所示。

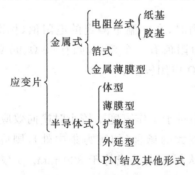

图 2-3　应变片的分类

1. 金属式电阻应变片

1)电阻丝式应变片

电阻丝式应变片的敏感元件是丝栅状的金属丝,它可以制成 U 形、V 形和 H 形等多种形状,如图 2-4 所示。

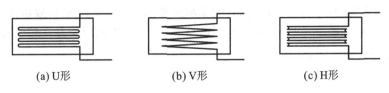

(a) U形   (b) V形   (c) H形

图 2-4 几种常见的电阻丝式应变片

2）箔式应变片

箔式应变片的工作原理和结构与电阻丝式应变片的基本相同,但制造方法不同。箔式应变片的敏感栅是采用光刻技术或蚀刻技术刻成的一种很薄的金属箔栅。根据不同的测量要求,敏感栅可制成不同形状尺寸。图 2-5 所示的是箔式应变片常见的结构和花形。目前箔式应变片应用较多,主要原因如下。

（1）尺寸准确,线条均匀,适应不同的测量要求。

（2）可制成多种形状复杂、尺寸准确的敏感栅。

（3）与被测试件接触面积大,黏结性能好,散热条件好,允许电流密度大,灵敏度高。

（4）横向效应可以忽略。

（5）蠕变、机械滞后小,疲劳寿命长。

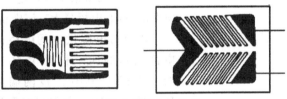

(a) 箔式应变片的结构

(b) 箔式应变片花形

图 2-5 箔式应变片常见的结构和花形

3）金属薄膜型应变片

金属薄膜型应变片采用真空蒸发或真空沉积等方法在薄的绝缘基片上形成厚度在 $0.1~\mu m$ 以下的金属电阻材料薄膜敏感栅,再加上保护层。其优点是,应变灵敏系数大,允许电流密度大,工作范围广,有利于实现工业化生产。

2. 半导体式电阻应变片

半导体式电阻应变片使用半导体单晶硅条作为敏感元件,其工作原理是基于半导体材料的压阻效应。其典型结构如图 2-6 所示。半导体式电阻应变片的使用方法与金属式电阻应变片的相同,即粘贴在弹性元件或被测体上,其电阻值随被测试件的应变发生相应变化。

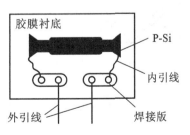

胶膜衬底

P-Si

内引线

外引线   焊接版

图 2-6 半导体式电阻应变片的典型结构

半导体式电阻应变片具有灵敏度高、频率响应范围宽、体积小、横向效应小等优点,这使其拥有很广的应用范围,但同时它也具有温度系数大、灵敏度离散大及在较大变形下非线性比较严重等缺点。

注意:

金属丝式电阻应变片与半导体式电阻应变片的主要区别在于:前者是利用金属导体形变引起电阻的变化,后者则是利用半导体电阻率变化引起电阻的变化。

2.1.5 电阻应变片的测量电路

电阻应变计把机械应变信号转换成电阻后,由于应变量及其应变电阻变化一般都很微小,既难以直接精确测量,又不便于直接处理,因此必须采用转换电路或仪器,把应变计的电阻变化转换成电压或电流变化。通常采用电桥电路实现这种转换。根据电源的不同,电桥分为直流电桥和交流电桥两种。

由直流电源供电的电桥称为直流电桥。直流电桥电路的四个桥臂由 R_1、R_2、R_3、R_4 组成,如图 2-7 所示。其中 C、D 两端接直流电压 U_i,而 A、B 两端为输出端,其输出电压为 U_o。直流电桥不平衡输出为

图 2-7 直流电桥

$$U_o = U_{BC} - U_{CA} = \frac{R_1}{R_1+R_2}U_i - \frac{R_4}{R_3+R_4}U_i = \frac{R_1R_3 - R_2R_4}{(R_1+R_2)(R_3+R_4)}U_i \tag{2-3}$$

直流电桥平衡条件为 $U_o=0$。所以,由式(2-3)得:$R_1R_3=R_2R_4$ 或 $\frac{R_1}{R_2}=\frac{R_4}{R_3}$,即相对两臂电阻的乘积相等,或相邻两臂电阻的比值相等。

桥式电路中,四个电阻的任何一个都可以是应变片电阻。电桥工作方式有半桥单臂工作方式、半桥双臂工作方式、全桥四臂工作方式,如图 2-8 所示。

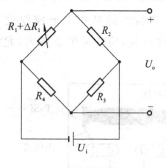

(a)半桥单臂工作方式

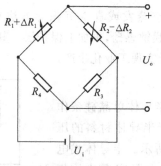

(b)半桥双臂工作方式

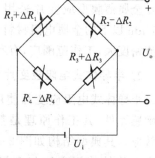

(c)全桥四臂工作方式

图 2-8 电桥工作方式

1) 半桥单臂工作方式

半桥单臂工作方式如图 2-8(a)所示,传感器输出的电阻变化量 ΔR 只接入电桥的一个桥臂中,在工作时,其余三个电阻的阻值没有变化(即 $\Delta R_2 = \Delta R_3 = \Delta R_4 = 0$)。

电桥的输出电压为

$$U_o = \frac{U_i}{4} \frac{\Delta R}{R} \tag{2-4}$$

其灵敏度为

$$K = \frac{U_i}{4} \tag{2-5}$$

2) 半桥双臂工作方式

半桥单臂工作方式如图 2-8(b)所示。安装两个工作应变片,一个受拉应变,一个受压应变,接入电桥相邻桥臂,构成半桥差动电路。

电桥的输出电压为

$$U_o = \frac{U_i}{2} \frac{\Delta R}{R} \tag{2-6}$$

其灵敏度为

$$K = \frac{U_i}{2} \tag{2-7}$$

3) 全桥四臂工作方式

全桥四臂工作方式如图 2-8(c)所示,若将电桥四臂接入四片应变片,即两个受拉应变,两个受压应变,将两个应变符号相同的接入相对桥臂上,构成全桥差动电路。电桥的四个桥臂的电阻值都发生变化。

电桥的输出电压为

$$U_o = \frac{\Delta R U_i}{R} \tag{2-8}$$

其灵敏度为

$$K = U_i \tag{2-9}$$

全桥四臂工作方式电压灵敏度是半桥单臂工作方式电压灵敏度的 4 倍。它具有温度补偿作用。

2.1.6　电阻应变式传感器的温度误差及温度补偿方法

1. 温度误差及其产生原因

由于温度变化所引起的应变片电阻变化与由试件(弹性元件)应变所造成的电阻变化几乎具有相同的数量级,如果不采取必要的措施消除温度的影响,则测量精度将无法保证。产生温度误差的原因如下。

(1) 温度变化引起应变片敏感栅电阻变化,使应变片产生附加应变。

(2) 试件材料与敏感栅材料的线膨胀系数不同,使应变片产生附加应变。

2. 温度补偿方法

温度补偿方法基本上分为桥路补偿法、应变片自补偿法、热敏电阻补偿法三大类。

◀ 2.2　压阻式传感器 ▶

固体受到力的作用后,其电阻率(或电阻)会发生变化,这种现象称为压阻效应。压阻式传感器是利用固体的压阻效应制成的一种测量装置。

压阻式传感器具有灵敏度高、体积小、工作频带宽、测量电路与传感器一体化等优点。测量压力时,对于毫米级水柱的微压,压阻式传感器也能产生反应,其分辨率比较高。测量压力的情况下,其测量元件的有效面积可以做得很小。这种传感器可用来测量几十千赫的脉动压力,所以频率响应高也是压阻式传感器的一个突出优点。

压阻式传感器在测量时是将四个电阻接成惠斯通电桥电路,并且将阻值增大的两个电阻对接,阻值减小的两个电阻对接,使电桥的灵敏度最大,电桥既可采用恒压源供电也可采用恒流源供电。

1. 恒压源供电

恒压源供电的电路如图2-9所示,设四个电阻的起始阻值都相等且为R,当有应力作用时,两个电阻的阻值增加,增加量为ΔR;另外两个电阻的阻值减小,减小量为$-\Delta R$。另外,温度的影响,使每个电阻都有ΔR_T的变化量。根据图2-9,电桥的输出为

$$U_{sc}=U_{BD}=\frac{U(R+\Delta R+\Delta R_T)}{R-\Delta R+\Delta R_T+R+\Delta R+\Delta R_T}-\frac{U(R-\Delta R+\Delta R_T)}{R+\Delta R+\Delta R_T+R-\Delta R+\Delta R_T} \qquad (2\text{-}10)$$

$$U_{sc}=U\frac{\Delta R}{R+\Delta R_T} \qquad (2\text{-}11)$$

由式(2-11)知,当$\Delta R_T=0$时,电桥的输出与$\Delta R/R$成正比,也就是与被测量成正比;同时又与U成正比,这就是说,电桥的输出与电源电压的大小与精度都有关。如果$\Delta R_T\neq0$,则U_{sc}与ΔR_T有关,也就是说,U_{sc}与温度有关,而且与温度的关系是非线性的,所以用恒压源供电时,不能消除温度的影响。

2. 恒流源供电

恒流源供电的电路如图2-10所示,假设电桥的两个支路的电阻相等,即

$$I_{ABC}=I_{ADC}=\frac{1}{2}I \qquad (2\text{-}12)$$

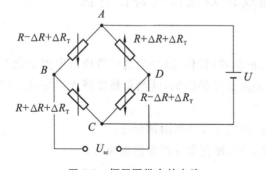

图 2-9　恒压源供电的电路

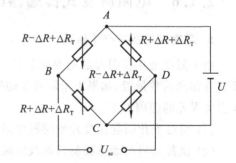

图 2-10　恒流源供电的电路

电桥的输出为

$$U_{sc}=U_{BD}=\frac{1}{2}I(R+\Delta R+\Delta R_T)-\frac{1}{2}I(R-\Delta R+\Delta R_T) \qquad (2\text{-}13)$$

$$U_{sc}=I\Delta R \qquad (2\text{-}14)$$

式(2-14)表明,电桥的输出与电阻的变化量成正比,即与被测量成正比,当然也与电源电流成正比,即电桥的输出与恒流源的供给电流的大小与精度有关,不受温度的影响。这是恒流源供电的优点,但是使用恒流源供电时,一个传感器最好配备一个恒流源。

本章小结

本章主要介绍了电阻式传感器。电阻式传感器的基本原理是将各种非电量变化转换成电阻的变化,然后通过对电阻变化量的测量,达到非电量测量的目的。本章主要讲的电阻式传感器有电阻应变式传感器、压阻式传感器。利用电阻式传感器可以测量位移、力、加速度、转矩、温度、气体成分等。

思考与练习

1. 金属式电阻应变片与半导体式电阻应变片的电阻应变效应有什么不同?
2. 直流电桥平衡的条件是什么?
3. 直流电桥有几种工作方式? 每种工作方式的输出电压和灵敏度各为多少?
4. 压阻式传感器的测量电路有哪两种? 各有什么特点?

第 3 章
电容式传感器

电容式传感器是把被测的机械量,如位移、压力等的变化转换为电容量变化的传感器。

从能量转换的角度而言,电容变换器为无源变换器,需要将所测的力学量转换成电压或电流后进行放大和处理。力学量中的线位移、角位移、间隔、距离、厚度、拉伸、压缩、膨胀、变形等无不是与长度有着密切联系的量;这些量又都是通过长度或者长度比值进行测量的量,而其测量方法的相互关系也很密切。另外,在有些条件下,这些力学量的变化相当缓慢,而且变化范围极小,如果要求测量极小距离或位移时要有较高的分辨率,其他传感器很难满足高分辨率要求,在精密测量中所普遍使用的差动变压器式传感器的分辨率仅达到 $1\sim5~\mu m$ 数量级;而有一种电容测微仪,它的分辨率为 $0.01~\mu m$,比前者提高了两个数量级,最大量程为 $100\pm5~\mu m$,因此它在精密小位移测量中受到青睐。

对于上述这些力学量,尤其是缓慢变化或微小的量,一般来说采用电容式传感器进行检测比较合适。这类传感器主要具有以下突出优点。

(1) 测量范围大,其相对变化率可超过 100%。

(2) 灵敏度高,如用比率变压器电桥测量,相对变化量可达 10^{-7} 数量级。

(3) 动态响应快,因其可动质量小,固有频率高,具有高频特性,既适宜用于动态测量,也可用于静态测量。

(4) 稳定性好。由于电容器极板多采用金属材料,极板间衬物多采用无机材料,如空气、玻璃、陶瓷、石英等,因此电容式传感器可以在高温、低温、强磁场、强辐射下长期工作,可以解决高温、高压环境下的检测难题。

(5) 可进行非接触测量。

电容式传感器也有其不可回避的缺点:输出呈非线性,寄生电容和分布电容对灵敏度和测量精度的影响较大,以及连接电路较复杂等。

3.1 电容式传感器概述

3.1.1 电容式传感器的基本工作原理

电容式传感器实际上是一个可变参数的电容器。由绝缘介质分开的两个平行金属板组成的平板电容传感器如图 3-1 所示。如果不考虑边缘效应,初始极距为 d 时,其电容量为

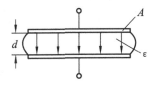

图 3-1 平板电容传感器

$$C=\frac{\varepsilon A}{d}=\frac{\varepsilon_0\varepsilon_r A}{d} \qquad (3-1)$$

式中:ε——极板间介质的介电系数;

　　A——极板间相互覆盖面积(m^2);

　　d——电容极板间距离(m);

　　ε_r——介质材料的相对介电常数;

　　ε_0——真空介电常数,$\varepsilon_0=8.85~pF/m$;

　　ε——电容极板间介质的介电常数。

由式(3-1)可见,A、d、ε 三个参数都直接影响着电容量的大小。如果保持其中两个参数

不变,而使另外一个参数改变,则电容量就将发生变化。如果变化的参数与被测量之间存在一定函数关系,那么电容量的变化可以直接反映被测量的变化情况,再通过测量电路将电容量的变化转换为电量的变化输出,就可以达到测量的目的。所以,电容式传感器通常可以分为三种类型,即变极板间距离的变极距式、变极板间相互覆盖面积的变面积式和变极板间介质的介电常数的变介电常式。

改变平行极板的间距 d 的电容式传感器可以测量微米数量级的位移,一般用来测量微小的线位移或由力、压力、振动等引起的极距变化;而改变极板间相互覆盖面积 A 的电容式传感器则适用于测量厘米数量级的位移,一般用于测量角位移或较大的线位移;改变介电常数的电容式传感器适用于液位、厚度、密度、温度和组分含量等的变化的测量。

3.1.2　电容式传感器的类型

1. 变极距式电容传感器

电容式传感器极板间相互覆盖的面积和介质的介电常数固定不变,只改变极板间距离时,称为变极距式电容传感器,其结构原理如图 3-2 所示。图 3-2 中,动极板(活动极板)与被测对象相连。

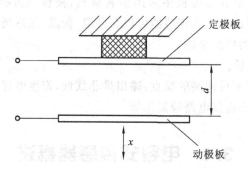

图 3-2　变极距式电容传感器结构原理

当动极板因被测参数的改变而引起移动时,电容量随着两极板间的距离的变化而变化,当间隙 d 减小 Δd 时,则电容量增大 ΔC,

$$\Delta C = \frac{\varepsilon A}{d - \Delta d} - \frac{\varepsilon A}{d} = \frac{\varepsilon A}{d}\left(\frac{1}{1 - \frac{\Delta d}{d}} - 1\right) = \frac{\varepsilon A}{d}\frac{\frac{\Delta d}{d}}{1 - \frac{\Delta d}{d}} \tag{3-2}$$

电容的相对变化为

$$\frac{\Delta C}{C} = \frac{\frac{\Delta d}{d}}{1 - \frac{\Delta d}{d}} \tag{3-3}$$

当 $\Delta d/d \ll 1$ 时,将式(3-3)展开为级数形式,得

$$\frac{\Delta C}{C} = \frac{\Delta d}{d}\left[1 + \frac{\Delta d}{d} + \left(\frac{\Delta d}{d}\right)^2 + \left(\frac{\Delta d}{d}\right)^3 + \left(\frac{\Delta d}{d}\right)^4 + \cdots\right] \tag{3-4}$$

由式(3-4)可见,电容量 C 的相对变化与位移之间呈现的是一种非线性关系。在误差允许范围内通过略去高次项得到其近似的线性关系:

$$\frac{\Delta C}{C} = \frac{\Delta d}{d} \tag{3-5}$$

C 与 Δd 近似呈线性关系,所以变极距式电容传感器只有当 $\Delta d/d$ 很小时,才有近似的线性关系。

其相对灵敏度为

$$K = \frac{\Delta C/C}{\Delta d} = \frac{1}{d} \tag{3-6}$$

由式(3-6)知,当 d 较小时,同样的 Δd 变化所引起的 ΔC 可以大些,从而使传感器灵敏度提高。但 d 过小,容易引起电容式传感器击穿或短路。

如果只考虑二次非线性项,忽略其他高次项,则得非线性误差:

$$\delta = \frac{|\Delta C - \Delta C'|}{|\Delta C|} \times 100\% = \left|\frac{\Delta d}{d}\right| \times 100\% \tag{3-7}$$

由式(3-7)可见,极板间距小,既有利于提高灵敏度,又有利于减小非线性。

> **注意:**
> 在实际应用中,为了提高灵敏度,减小非线性,大都采用差动结构,如图 3-3 所示。

由以上各式可得出以下结论。

(1) 欲提高灵敏度 S,应减小起始极距 d,但 d 的大小受电容器击穿电压的限制,而且 d 较小会增加装配工作的困难。

(2) 非线性将随相对位移(即 $\Delta d/d$)的增加而增加,因此为了保证一定线性度,应限制动极板的相对位移量。

这类传感器一般用来对微小位移量进行测量。同时,变极距式电容传感器要提高灵敏度,应减小极

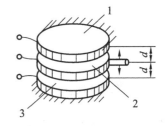

图 3-3 差动式变极距式电容传感器
1,3—定极板;2—动极板

板间的起始间距 d。但当 d 过小时,容易引起传感器击穿或短路,这增加了加工难度。为了改变这种情况,一般是在极板间放置云母、塑料膜等介电常数较大的介质。

在差动式平板型变极距式电容传感器中,当动极板移动 Δd 时,一个电容器 C_1 的间隙变为 $d - \Delta d$,电容器 C_1 的电容随位移 Δd 的减小而增大,另一个电容器 C_2 的间隙变为 $d + \Delta d$,电容器 C_2 的电容则随着 Δd 的增大而减小。

差动式变极距式电容传感器的相对灵敏度为

$$K = \frac{\Delta C/C}{\Delta d} = \frac{2}{d} \tag{3-8}$$

非线性误差为

$$\delta = \frac{|\Delta C - \Delta C'|}{|\Delta C|} \times 100\% = \left(\frac{\Delta d}{d}\right)^2 \times 100\% \tag{3-9}$$

对比式(3-6)、式(3-7)与式(3-8)、式(3-9),差动式变极距式电容传感器与单一式变极距式电容传感器相比,灵敏度提高一倍,线性度提高,非线性误差减小一个数量级。由于结构上的对称,差动式变极距式电容传感器还可有效地补偿由温度变化造成的误差。

2. 变面积式电容传感器

工作时,变面积式电容传感器的极距、介质常数等保持不变,被测量的变化使其有效面

积发生改变。变面积式电容传感器的两个极板中,一个是固定不动的,称为定极板;另一个是可移动的,称为动极板。变面积式电容传感器通常分为线位移型和角位移型两大类。

1) 线位移型

常用的线位移型变面积式电容传感器可分为平板线位移型和圆柱线位移型两种,如图3-4所示。

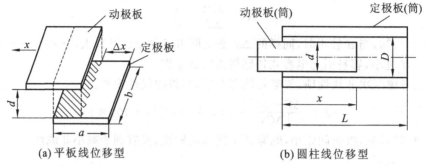

(a) 平板线位移型　　　　　　　(b) 圆柱线位移型

图 3-4　线位移型变面积式电容传感器

对于平板线位移型结构(见图 3-4(a)),设两个相同极板的长为 b,宽为 a,极板间距离为 d,当动极板移动 Δx 后,两极板有效覆盖面积就发生变化,电容量也随之改变,其值为

$$C=\frac{\varepsilon(a-\Delta x)b}{d} \tag{3-10}$$

$$\Delta C=C-C_0=\frac{\varepsilon(a-\Delta x)b}{d}-\frac{\varepsilon ab}{d}=-\frac{\varepsilon b\Delta x}{d} \tag{3-11}$$

式中,$C_0=\dfrac{\varepsilon ab}{d}$,为初始电容量。

由式(3-11)和 $C_0=\dfrac{\varepsilon ab}{d}$ 得

$$\frac{\Delta C}{C_0}=-\frac{\Delta x}{a} \tag{3-12}$$

变面积式电容传感器中,平板线位移型结构对极距变化特别敏感,测量精度受其影响,而圆柱线位移型结构(见图 3-4(b))的测量精度受极板径向变化的影响很小,它成为实际中最常采用的结构。不计边缘效应影响时,圆柱线位移型变面积式电容传感器的电容量为

$$C=\frac{2\pi\varepsilon x}{\ln(D/d)} \tag{3-13}$$

当重叠长度 x 变化时,电容量的变化量为

$$\Delta C=C_0-C=\frac{2\pi\varepsilon L}{\ln(D/d)}-\frac{2\pi\varepsilon x}{\ln(D/d)}=\frac{2\pi\varepsilon(L-x)}{\ln(D/d)}=\frac{2\pi\varepsilon\Delta x}{\ln(D/d)} \tag{3-14}$$

传感器灵敏度为

$$K=\frac{\Delta C}{\Delta x}=\frac{2\pi\varepsilon}{\ln(D/d)} \tag{3-15}$$

注意:

变面积式电容传感器的输出与输入呈线性关系,灵敏度是常数。与平板线位移型变面积式电容传感器相比,圆柱线位移型变面积式电容传感器的灵敏度较低,但测量范围较大。

2）角位移型

角位移型是变面积式电容传感器的派生形式，其派生形式种类较多，图 3-5 所示的为常见的一种角位移型变电积式电容传感器。

图 3-5　角位移型变面积式电容传感器

在图 3-5 中，当动极板有一个角位移 θ 时，它与定极板之间的有效覆盖面积就会发生变化，从而导致电容量发生变化，电容量可表示为

$$C=\frac{\varepsilon\left(A-\dfrac{A}{\pi}\theta\right)}{d}=C_0\left(1-\frac{\theta}{\pi}\right) \tag{3-16}$$

式中，$C_0=\dfrac{\varepsilon A}{d}$ 为 $\theta=0$ 时的电容量。

电容量的变化量为

$$\Delta C=C-C_0=-C_0\frac{\theta}{\pi} \tag{3-17}$$

传感器灵敏度为

$$K=-\frac{\Delta C}{\theta}=\frac{C_0}{\pi} \tag{3-18}$$

> **注意：**
> 角位移型变面积式电容传感器的输出是线性的，灵敏度 K 为常数。

3. 变介电常数式电容传感器

根据前面的分析可知，介质的介电常数也是影响电容式传感器电容量的一个因素。通常情况下，不同介质的介电常数各不相同。

变介电常数式电容传感器通过介质的改变来实现对被测量的检测，并通过传感器的电容量的变化反映出来。当电容式传感器的电介质改变时，其介电常数变化，进而引起电容量发生变化。变介电常数式电容传感器通常可以分为柱式和平板式两种，如图 3-6 所示。

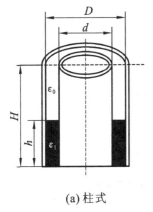

(a) 柱式

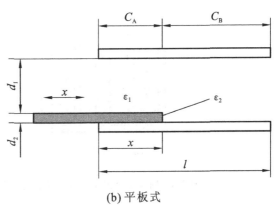

(b) 平板式

图 3-6　变介电常数式电容传感器

若变介电常数式电容传感器的两极板间存在导电物质,还应该在极板表面涂上绝缘层,以防止极板短路,如涂上聚四氟乙烯薄膜。

变介电常数式电容传感器除了可以测量液位和位移之外,还可以用于测量电介质的厚度、物位,并可以根据极板间介质的介电常数随温度、湿度、容量的变化而变化来测量温度、湿度、容量等参数。图 3-7 所示的为几种常见的变介电常数式电容传感器。

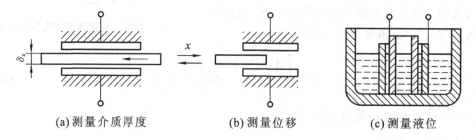

(a)测量介质厚度   (b)测量位移   (c)测量液位

图 3-7 几种常见的变介电常数式电容传感器

图 3-8 所示的为同轴圆柱形电容式液位传感器的结构原理图与等效电路。其初始电容为

$$C_0 = \frac{2\pi\varepsilon_0 h}{\ln(r_2/r_1)} \tag{3-19}$$

测量时,其介质一部分是被测液位的液体,一部分是空气。设 C_1 为液体有效高度 h_x 形成的电容量,C_2 为空气高度 $h - h_x$ 形成的电容量,则

$$C_1 = \frac{2\pi\varepsilon h_x}{\ln(r_2/r_1)}, \quad C_2 = \frac{2\pi\varepsilon_0(h - h_x)}{\ln(r_2/r_1)} \tag{3-20}$$

由于 C_1 和 C_2 并联,所以总电容量为

$$C = \frac{2\pi\varepsilon h_x}{\ln(r_2/r_1)} + \frac{2\pi\varepsilon_0(h - h_x)}{\ln(r_2/r_1)} = \frac{2\pi\varepsilon_0 h_x}{\ln(r_2/r_1)} + \frac{2\pi(\varepsilon - \varepsilon_0)h_x}{\ln(r_2/r_1)}$$

$$= C_0 + C_0 \frac{(\varepsilon - \varepsilon_0)}{\varepsilon_0 h} h_x \tag{3-21}$$

可见,电容量 C 理论上与液面高度 h_x 呈线性关系,只要测出传感器电容量 C 的大小,就可得到液位高度。

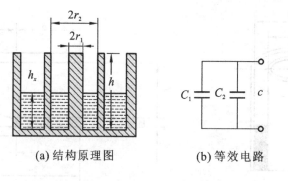

(a)结构原理图   (b)等效电路

图 3-8 同轴圆柱形电容式液位传感器的结构原理图与等效电路

3.2 影响电容式传感器精度的因素

3.2.1 边缘效应

电容式传感器极板之间存在静电场,它使边缘处的电场分布不均匀,造成电容的边缘效应,这相当于在传感器的电容里并联了一个电容,这就叫边缘效应。边缘效应造成边缘电场产生畸变,使传感器工作不稳,非线性误差也增加。为了消除边缘效应的影响,当进行结构设计时,可以采用带有保护环的结构,如图3-9所示。电容式传感器的金属电极的材料宜选用温度系数低的铁镍合金,但铁镍合金较难加工,也可采用在陶瓷或石英上喷镀金或银的工艺,这样电极可以做得极薄,对减小边缘效应极为有利。

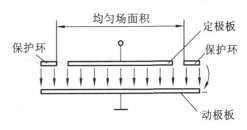

图 3-9 带保护环的平板电容传感器结构

3.2.2 绝缘性能

减小环境温度、湿度等变化所产生的误差,以保证绝缘材料的绝缘性能。温度变化使传感器内各零件的几何尺寸和相互位置及某些介质的介电常数发生改变,从而改变传感器的电容量,产生温度误差。湿度也影响某些介质的介电常数和绝缘电阻值。因此必须从选材、结构、加工工艺等方面来减小环境温度、湿度等变化所产生的误差,以保证绝缘材料具有高的绝缘性能。

尽量采用介电常数的温度系数近似为零的空气或云母等(也不受湿度变化的影响)作为电容式传感器的电介质。若用某些液体如硅油、煤油等作为电介质,当环境温度、湿度变化时,它们的介电常数随之改变,产生误差。这种误差虽可通过后接的电子电路加以补偿,但无法完全消除。

3.2.3 寄生电容

电容式传感器除有极板间电容外,极板与周围物体(各种元件甚至人体)也产生电容联系,这种电容称为寄生电容。寄生电容与传感器电容相并联,影响传感器灵敏度,而它的变化则为虚假信号,影响仪器的精度,必须消除或者减小它。可采用以下方法消除或者减小寄生电容。

(1)增加传感器原始电容值。

(2)集成法。

(3)采用"驱动电缆"(双层屏蔽等位传输)技术。

(4)运算放大器法。

(5)整体屏蔽法。

3.3 电容式传感器的应用及特点

3.3.1 电容式传感器的应用

1. 电容测厚仪

电容测厚仪的工作原理如图 3-10 所示。

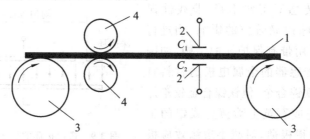

图 3-10 电容测厚仪的工作原理

1—被测金属带材；2—电容极板；3—传动轮；4—轧辊

电容测厚仪的工作原理是：被测金属带材与其两侧电容极板构成两个电容器 C_1 和 C_2，把两电容极板连接起来，它们和被测金属带材间的电容为 $C_1 + C_2$。被测金属带材厚度发生变化，将会导致两个电容器 C_1、C_2 的极距发生变化，从而使电容值也随之变化。把变化的电容值送到转换电路，最后由仪表指示出被测金属带材变化的厚度。

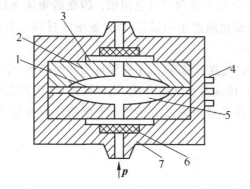

图 3-11 差动式电容式压力传感器工作原理图

1—弹性膜片；2—凹玻璃圆片；3—金属涂层；
4—输出端子；5—空腔；6—过滤器；7—壳体

2. 电容式压力传感器

差动式电容式压力传感器的工作原理图如图 3-11 所示。电容式压力传感器实质上是位移传感器，它利用弹性膜片在压力下变形所产生的位移来改变传感器的电容（此时弹性膜片作为电容器的一个电极）。当被测压力通过过滤器进入空腔时，弹性膜片在两侧压力差的作用下，将凸向压力低的一侧。弹性膜片和两个镀金凹玻璃圆片 2 之间的电容量发生变化，由此可测得压力差。这种传感器分辨率很高，常用于气体、液体的压力、压差、液位（液体）和流量的测量。

3. 电容式物位传感器

洪水灾害是我国发生频率高、危害范围广、对国民经济影响极为严重的自然灾害，洪灾会造成江、河、湖水位猛涨，堤坝漫溢或溃决。为了防止洪水灾害的发生，研究出一个安全、可靠的水位测量系统显得尤为重要。

图 3-12 所示的是电容式物位传感器结构示意图。测定电极安装在罐的顶部，这样在罐壁和测定电极之间就形成了一个电容器。当罐内放入被测物料时，由于被测物料介电常数

的影响,传感器的电容量将发生变化,电容量变化的大小与被测物料在罐内的高度有关,且成比例变化,检测出这种电容量的变化就可测定物料在罐内的高度。

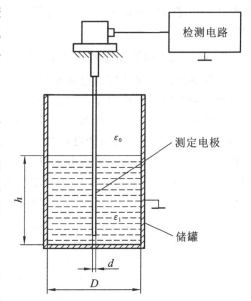

图 3-12　电容式物位传感器结构示意图

4．电容式指纹识别传感器

电容式指纹识别传感器包含一个有数万个金属导体的阵列,其外面是一层绝缘物,当用户的手指放在上面时,金属导体阵列、绝缘物、皮肤就构成了相应的小电容器阵列。它们的电容值随着脊(近的)和沟(远的)与金属导体之间的距离不同而变化。

5．电容式位移传感器

电容式位移传感器可用来测量直线位移、角位移、振幅(见图 3-13(a)),还可用来测量转轴的回转精度和轴心动态偏摆(见图 3-13(b))。

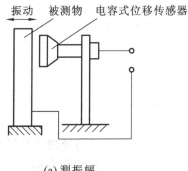

(a) 测振幅

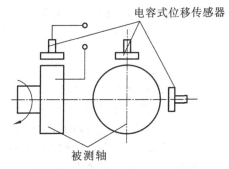

(b) 测轴的回转精度和轴心动态偏摆

图 3-13　电容式位移传感器应用示例

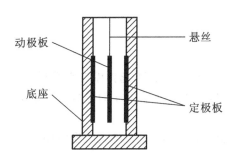

图 3-14　应用于智能电子水平仪中的差动式
电容式传感器的结构简图

6．差动式电容式传感器在智能电子水平仪中的应用

电子水平仪是一种测量小角度的量具。用它可测量对于水平位置的倾斜度,两部件的相互平行度和垂直度,机床、仪器导轨的直线度,工作台的平面度,以及平板的平面度等。它在机械测量及光机电技术一体化技术应用中占有重要地位。应用于智能电子水平仪中的差动式电容式传感器的结构简图如图 3-14 所示。

定极板与水平仪底座和测量平面固定在一起,动极板由悬丝悬挂,由于重力作用,动极板始终保持竖直状态,当被测平面有一定倾角时,动极板与一定极板的极距减小,而与另一极板的极距增大,形成差动输出,由于所测倾角变化极小,可认为动极板与定极板始终平行。

在设计该传感器的过程中,综合考虑了引线的屏蔽、电容器的边缘效应等因素(在图 3-14 中未标示)。

7. 电容式传感器在纱疵检测中的应用

在棉纺织厂纱线纱疵既是衡量产品质量的重要标志之一,也是各项生产技术管理工作综合水平的反映。纱疵就是纱线的疵点,是由于原料、设备和生产过程等原因所产生的疵点。通常根据纱疵的截面积和长度不同来对纱疵进行分级。在纱线的生产过程中,纺纱纤维原料、纱线加工过程和纺纱设备都能引起纱线纱疵。纱疵是影响纱线质量的有害疵点,有效检测到纱线的这些有害疵点非常重要。纱疵的检测就是设计一个切实有效的传感器来采集纱疵信号,并将纱疵信号转换成便于传输和处理的电信号。在络筒车上采用电子清纱器来检测和清除纱疵是纺织厂提高纱线质量的最后一关。能够有效检测到纱疵信号的传感器主要有两种,分别是光电式传感器和电容式传感器。

电容式传感器由于具有结构简单、功耗小、动态响应快、零漂小、灵敏度高以及造价低等特点,特别适用于纱疵检测。当纱线在电容式传感器的两个极板间通过时,电容两极板间的介质发生了改变;当纱线的粗细也就是纱线单位长度质量发生变化时,介质也随之改变,于是两极板间的电容量也发生了变化。设计一个有效的转换电路,把变化的电容量转换成变化的电流量,就实现了纱疵信号的检测。

在纱线垂直于电场通过电容式传感器两极板之间,同时充满度很小不会引起电场畸变的情况下,当纱线直径为 d,并且 $d \ll L$ 时,则纱线粗度的变化和电容量呈线性关系,即

$$C = C_0 \left[1 + \left(1 - \frac{1}{\varepsilon r} \right) \frac{d}{L} \right] \tag{3-22}$$

式中,C_0 为初始电容值,ε 为介电常数,r 为纱线的半径。

由式(3-22)可见,当 L,εr 保持不变时,电容的变化量只和纱线的直径有关。所以测量到输出电量的变化也就获得了纱线的纱疵情况。

通过电容式传感器获得的代表纱线纱疵情况的电容量,在后续的处理和鉴别过程中无法直接应用,因此必须将电容的变化转换为电压的变化、电流的变化或频率信号。这就需要设计一个有效的转换电路。常用的电容检测电路有振荡式、谐振式、AC 桥式和充放电式。振荡式电容检测电路结构简单,易于实现。

3.3.2 电容式传感器的特点

1. 优点

(1) 温度稳定性好:自身发热极小,电容值与电极材料无关,可选择温度系数低的材料。如电极的支架选用陶瓷材料,电极选用铁镍合金材料,近年来又采用在陶瓷或石英上进行喷镀金或银的工艺。

(2) 结构简单,适应性强:可以做得非常小巧,能在高温、低温、强辐射、强磁场等恶劣环境中工作。

(3) 动态响应好:可动部分可以做得很轻、很薄,固有频率可以很高,动态响应好,可测量振动、瞬时压力等。

(4) 可以实现非接触测量,具有平均效应:非接触测量回转工件的偏心、振动等参数时,由于电容具有平均效应,可以减小表面粗糙度对测量的影响。

(5) 耗能低。

2. 缺点

（1）输出阻抗高，负载能力差：电容值一般为几十到几百皮法，输出阻抗很大，易受外界的干扰，对绝缘部分的要求较高（几十兆欧甚至更大）。

（2）寄生电容影响大：电容式传感器的初始电容值一般较小，而连接传感器的引线所引起的电缆电容（1～2 m 导线可达到 800 pF），电子线路杂散电容以及周围导体的寄生电容却较大。这些电容一般是随机变化的，将使仪器工作不稳定，影响测量精度。在设计和制作时要采取必要的有效的措施减小寄生电容的影响。

（3）温度对电容式传感器的影响：环境温度的改变将引起电容式变换器各零件几何尺寸的改变，从而导致电容极板间隙或有效覆盖面积发生改变，产生附加电容。这一点对于变极距式电容传感器来说较重要，因为初始间隙都很小（几十微米至几百微米），温度变化使各零件尺寸变化，可能导致本来就很小的间隙产生很大的相对变化，从而引起很大的温度误差。为减小这种误差，一般尽量选取温度系数小和温度系数稳定的材料。如绝缘材料采用石英、陶瓷等，金属材料选用低膨胀系数的铁镍合金。或直接在陶瓷、石英等绝缘材料上蒸镀一层金属膜来代替极板；采用差动对称结构，并在测量线路中对温度误差加以补偿。

本章小结

本章主要介绍了电容式传感器。其工作原理是，把某些非电量的变化通过一个可变电容器，转换成电容量的变化，通过测量电路转换为电量输出。电容式传感器根据工作原理可分为变极距式、变面积式和变介电常数式三种类型。电容式传感器可用于位移、振动、角度、加速度等的精密测量，还可用于压力、压差、液位、成分含量等的测量。

思考与练习

1. 电容式传感器有哪三大类？它们分别适用于测量哪些物理量？
2. 差动式电容式传感器与单一电容式传感器相比有哪些优势？
3. 影响电容式传感器精度的因素与防范措施有哪些？
4. 列举两个电容式传感器在实际中的应用，并说明其原理。

第 4 章
电感式传感器

电感式传感器利用电磁感应把被测的物理量如位移、压力、流量、振动等的变化转换成线圈的自感系数和互感系数的变化,再由电路转换为电压或电流的变化量输出,实现非电量到电量的转换。

电感式传感器的特点如下。

(1) 无活动触点,可靠度高,寿命长。

(2) 分辨率高。

(3) 灵敏度高。

(4) 线性度高,重复性好。

(5) 测量范围宽(测量范围大时分辨率低)。

(6) 无输入时有零位输出电压,引起测量误差。

(7) 对激励电源的频率和幅值稳定性要求较高。

(8) 不适用于高频动态测量。

电感式传感器主要用于位移测量和可以转换成位移变化的机械量(如张力、压力、压差、加速度、振动、应变、流量、厚度、液位、比重、转矩等)的测量。

电感式传感器具有结构简单、工作可靠、测量力小、分辨率高、输出功率大及测试精度高等优点。但同时它也有频率响应较低、不宜用于快速动态测量等缺点。

常用电感式传感器有变气隙型、变面积型和螺管型。在实际应用中,这三种传感器多制成差动式,以便提高线性度和减小电磁吸力所造成的附加误差。

◀ 4.1　自感式传感器 ▶

自感式传感器(见图 4-1)又称电感式位移传感器,是由铁芯、线圈和衔铁构成的,是将直线或角位移的变化转换为线圈电感量变化的传感器。铁芯和衔铁由导磁材料制成。这种传感器的线圈匝数和材料磁导率都是一定的,其电感量的变化是由于位移输入量导致线圈磁路的几何尺寸变化而引起的。当把线圈接入测量电路并接通激励电源时,就可获得正比于位移输入量的电压或电流输出。

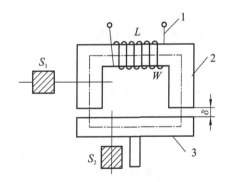

图 4-1　自感式传感器
1—线圈;2—铁芯(定铁芯);3—衔铁(动铁芯)

在铁芯和衔铁之间有气隙,传感器的运动部分与衔铁相连。当衔铁移动时,气隙厚度 δ 发生改变,引起磁路中磁阻变化,从而导致电感线圈的电感值变化,因此只要能测出这种电感量的变化,就能确定衔铁位移量的大小和方向。

根据电感定义,线圈中电感量可表示为

$$L = \frac{\psi}{I} = \frac{W\Phi}{I} \tag{4-1}$$

式中:W——线圈匝数;

　　I——通过线圈的电流;

　　Φ——穿过线圈的磁通。

根据磁路欧姆定律,有

$$\Phi = \frac{IW}{R_m} \tag{4-2}$$

式中,R_m为磁路总磁阻。

式(4-1)与式(4-2)两式联立得

$$L = \frac{W^2}{R_m} \tag{4-3}$$

当气隙很小时,可以认为气隙中的磁场是均匀的。若忽略磁路磁损,则磁路总磁阻为

$$R_m = \frac{l_1}{\mu_1 S_1} + \frac{l_2}{\mu_2 S_2} + \frac{2\delta}{\mu_0 S_0} \tag{4-4}$$

式中:μ_1——铁芯材料的磁导率;

μ_2——衔铁材料的磁导率;

μ_0——空气的磁导率(约为$4\pi \times 10^{-7}$ H/m);

l_1——磁通通过铁芯的长度;

l_2——磁通通过衔铁的长度;

S_1——铁芯的截面积;

S_2——衔铁的截面积;

S_0——气隙的截面积;

δ——气隙的厚度。

通常气隙磁阻远大于铁芯和衔铁的磁阻,即

$$\left. \begin{array}{l} \frac{2\delta}{\mu_0 S_0} \gg \frac{l_1}{\mu_1 S_1} \\ \frac{2\delta}{\mu_0 S_0} \gg \frac{l_2}{\mu_2 S_2} \end{array} \right\} \tag{4-5}$$

于是式(4-4)可写为

$$R_m = \frac{2\delta}{\mu_0 S_0} \tag{4-6}$$

联立式(4-3)及式(4-6),可得

$$L = \frac{W^2}{R_m} = \frac{W^2 \mu_0 S_0}{2\delta} \tag{4-7}$$

式(4-7)表明:当线圈匝数为常数时,电感量 L 仅仅是磁路总磁阻 R_m 的函数,改变 δ 或 S_0 均可导致电感量变化,因此自感式传感器又可分为变气隙厚度 δ 的传感器和变气隙面积 S_0 的传感器。

4.2 变气隙式自感传感器

目前使用最广泛的自感式传感器是变气隙式自感传感器。其测量原理是:铁芯和衔铁由导磁材料如硅钢片或铁镍合金制成;在铁芯和衔铁之间有气隙,气隙厚度为 δ,传感器的运动部分与衔铁相连;当衔铁移动时,气隙厚度 δ 发生改变,引起磁路总磁阻变化,从而导致电感线圈的电感值变化,因此只要能测出这种电感量的变化,就能确定衔铁位移量的大小和方向。

由式(4-7)知,L 与 δ 之间是非线性关系,特性曲线如图 4-2 所示。

当衔铁处于初始位置时,初始电感量为

$$L_0 = \frac{\mu_0 S_0 W^2}{2\delta_0} \qquad (4-8)$$

式中,δ_0——初始气隙厚度。

当衔铁上移 $\Delta\delta$ 时,传感器气隙厚度减小 $\Delta\delta$,即 $\delta = \delta_0 - \Delta\delta$,则此时输出电感为

$$L = L_0 + \Delta L = \frac{W^2 \mu_0 S_0}{2(\delta_0 - \Delta\delta)} = \frac{L_0}{1 - \frac{\Delta\delta}{\delta_0}} \qquad (4-9)$$

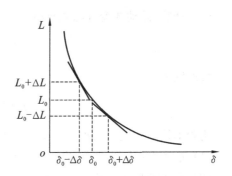

图 4-2 变气隙式自感传感器的 L-δ 特性曲线

经过一系列数学公式处理,最后作线性处理,即忽略高次项后,可得

$$\frac{\Delta L}{L_0} = \frac{\Delta\delta}{\delta_0} \qquad (4-10)$$

自感式传感器的灵敏度为

$$K = \frac{\Delta L}{\Delta\delta} = \frac{L_0}{\delta_0} \qquad (4-11)$$

线性度为

$$\gamma = \left| \frac{\Delta\delta}{\delta_0} \right| \times 100\% \qquad (4-12)$$

注意:

变气隙式自感传感器的测量范围与灵敏度和线性度相矛盾,因此变气隙式自感传感器适用于测量微小位移的场合。

为了减小非线性误差,实际测量中广泛采用差动式变气隙式自感传感器。由图 4-3 可知,差动式变气隙式自感传感器由两个相同的电感线圈 L_1、L_2 和磁路组成。测量时,衔铁通过导杆与被测体相连,当被测体上下移动时,导杆带动衔铁也以相同的位移上下移动,使两个磁回路中磁阻发生大小相等、方向相反的变化,导致一个线圈的电感量增加,另一个线圈的电感量减小,形成差动形式。

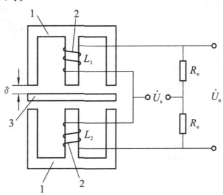

图 4-3 差动式变气隙式自感传感器

1—铁芯;2—线圈;3—衔铁

经过计算,差动式变气隙式自感传感器灵敏度 K_0 为

$$K_0 = \frac{\Delta L}{\Delta \delta} = \frac{2L_0}{\delta_0} \tag{4-13}$$

线性度为

$$\gamma = \left| \frac{\Delta \delta}{\delta_0} \right|^2 \times 100\% \tag{4-14}$$

比较单线圈和差动两种变气隙式自感传感器的特性,可以得到如下结论。

(1) 差动式变气隙式自感传感器的灵敏度是单线圈式的两倍。

(2) 差动式变气隙式自感传感器的线性度得到明显改善。

为了使输出特性得到有效改善,构成差动的两个变气隙式自感传感器在结构尺寸、材料、电气参数等方面均应完全一致。

◀ 4.3 互感式传感器 ▶

把被测的非电量变化转换为线圈互感变化的传感器称为互感式传感器。这种传感器是根据变压器的基本原理制成的,并且次级绕组用差动形式连接,故又称差动变压器式传感器。

差动变压器式传感器的结构示意图如图 4-4 所示。

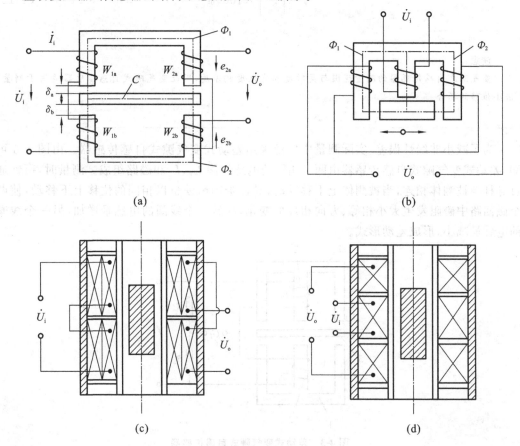

图 4-4 差动变压器式传感器的结构示意图

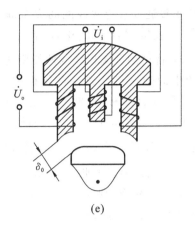
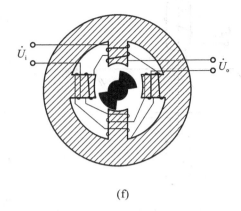

(e)　　　　　　　　　　　　　　　　　　(f)

续图 4-4

图 4-4 中:图 4-4(a)、(b)所示的为变气隙式差动变压器传感器;图 4-4(c)、(d)所示的为螺管式差动变压器传感器;图 4-4(e)、(f)所示的为变面积式差动变压器传感器。

在非电量测量中,应用最多的是螺管式差动变压器传感器,它可以测量 1~100 mm 机械位移,并具有测量精度高、灵敏度高、结构简单、性能可靠等优点。

◀ 4.4　电涡流式传感器 ▶

根据法拉第电磁感应定律,金属导体置于变化的磁场中或在磁场中作切割磁力线运动时,导体内将产生呈漩涡状流动的感应电流,称之为电涡流,这种现象称为电涡流效应。基于电涡流效应制成的传感器称为电涡流式传感器,其原理图如图 4-5 所示。

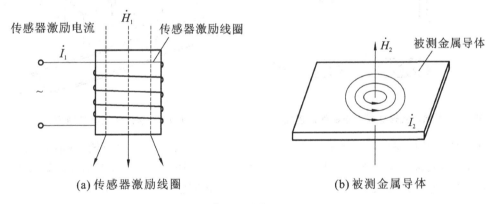

(a) 传感器激励线圈　　　　　　　　　(b) 被测金属导体

图 4-5　电涡流式传感器原理图

电涡流式传感器由于具有测量范围大、灵敏度高、结构简单、抗干扰能力强、可以实现非接触式测量等优点,被广泛地应用于工业生产和科学研究的各个领域,可以用来测量位移、振幅、尺寸、厚度、热膨胀系数、轴心轨迹和金属件探伤等。

图 4-6 所示的为透射式涡流厚度传感器的结构原理图。在被测金属板的上方设有发射传感器线圈 L_1,在被测金属板下方设有接收传感器线圈 L_2。当在 L_1 上加低频电压 $\dot{U}_1$ 时,L_1

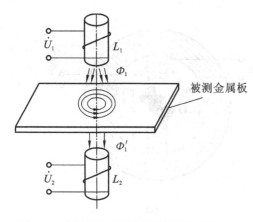

图4-6 透射式涡流厚度传感器的结构原理图

上产生交变磁通 Φ_1，若两线圈间无金属板，则交变磁通 Φ_1 直接耦合至 L_2 中，L_2 产生感应电压 $\dot{U}_2$。如果将被测金属板放入两线圈之间，则 L_1 线圈产生的磁场将导致在金属板中产生电涡流，并将贯穿金属板，此时磁场能量受到损耗，使到达 L_2 的磁通减弱为 Φ_1'，从而使 L_2 产生的感应电压 $\dot{U}_2$ 下降。金属板越厚，涡流损失就越大，电压 $\dot{U}_2$ 就越小。因此，可根据 $\dot{U}_2$ 电压的大小得知被测金属板的厚度。透射式涡流厚度传感器的检测范围可达 $1 \sim 100$ mm，分辨率为 0.1 μm，线性度为 1%。

电涡流式传感器可以对被测对象进行非破坏性的探伤，例如检查金属的表面裂纹、热处理裂纹以及焊接部位的探伤等。在检查时，使传感器与被测体的距离不变，如有裂纹出现，导体电阻率、磁导率发生变化，从而引起传感器的等效阻抗发生变化，通过测量电路达到探伤的目的。电涡流式传感器无损探伤原理图如图 4-7 所示。

此外，电涡流式传感器可制成开关量输出的检测元件，这时可使测量电路大为简化。目前，应用比较广泛的有接近传感器，也可用于技术金属零件的计数(见图 4-8)。

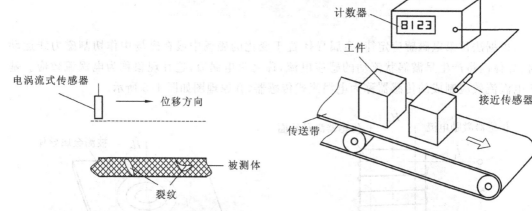

图4-7 电涡流式传感器无损探伤原理图　　　**图4-8 接近传感器计数原理图**

电涡流式传感器可用于测量转速。在一个旋转体上开一条或数条槽，或者将其加工成齿轮状，旁边安装一个电涡流式传感器。当旋转体转动时，传感器将周期性地改变输出信号，此电压信号经过放大整形后，可用频率计指示出频率值，由下式算出转速：

$$n = 60f/N \tag{4-15}$$

式中：f——输出信号的频率(Hz)；

　　　N——旋转体开的槽数；

　　　n——被测体的转速(r/min)。

电涡流式传感器转速测量原理图如图 4-9 所示。

电涡流式传感器还可用于测量振幅，其原理图如图 4-10 所示。

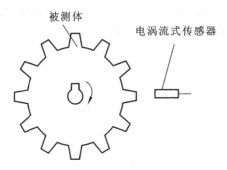

图 4-9 电涡流式传感器转速测量原理图

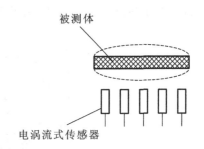

图 4-10 电涡流式传感器振幅测量原理图

◀ 4.5 电感式传感器的应用 ▶

4.5.1 变气隙电感式压力传感器

变气隙电感式压力传感器结构图如图 4-11 所示。当膜盒的顶端在压力 P 的作用下产生与压力 P 大小成正比的位移,于是衔铁也发生移动,从而使气隙发生变化,流过线圈的电流也发生相应的变化,电流表 A 的指示值就反映了被测压力的大小。

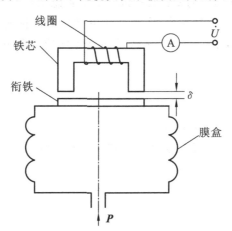

图 4-11 变气隙电感式压力传感器结构图

4.5.2 变气隙式差动电感压力传感器

变气隙式差动电感压力传感器具有精度高、线圈变化范围大(可扩大到 ±100 mm,视结构而定)、结构简单、稳定性好等优点,被广泛应用于位移、加速度、压力、压差、液位、应变、比重、张力和厚度等参数的测量。

变气隙式差动电感压力传感器结构图如图 4-12 所示。当被测压力进入 C 形弹簧管时,C 形弹簧管产生变形,其自由端发生位移,带动与自由端连接成一体的衔铁运动,使线圈 1 和线圈 2 中的电感发生大小相等、符号相反的变化,即一个电感量增大,另一个电感量减小。

电感的这种变化通过电桥电路转换成电压变化输出。由于输出电压与被测压力之间成比例关系,所以只要用检测仪表测量出输出电压,即可得知被测压力的大小。

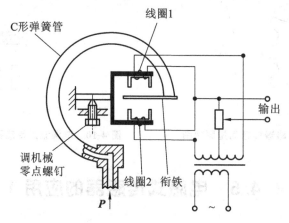

图 4-12 变气隙式差动电感压力传感器结构图

■ 本章小结

本章主要介绍了自感式、互感式和电涡流式三种电感式传感器。电感式传感器是利用电磁感应原理,将被测的物理量的变化转换成线圈的自感系数或互感系数的变化,再由测量电路转换为电压或电流的变化量输出,实现由非电量到电量转换的装置。电感式传感器可用于位移、压力、流量、振幅等物理量的测量,它的频率响应范围小,不宜用于快速动态测量。

■ 思考与练习

1. 自感式传感器由哪三部分组成?
2. 单线圈式和差动式两种变气隙式自感传感器有哪些区别?
3. 列举电感式传感器的应用场合。

第 5 章
热电式传感器

热电式传感器是将温度变化转换为电量变化的装置。它是利用某些材料或元件的性能随温度变化的特性,将温度变化转换为电量变化达到测量温度的目的的。本章主要介绍热电偶、热电阻、热敏电阻和 PN 结传感器。

◀ 5.1 热电偶测温的基本原理 ▶

1821 年,赛贝克发现了铜、铁这两种金属的温差电现象,即在由这两种金属构成的闭合回路中,对两个接头中的一个加热即可产生电流。在冷接头处,电流从铁流向铜。由两种不同的金属构成的能产生温差热电势的装置称为热电偶传感器。

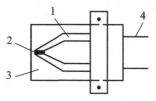

图 5-1 热电偶传感器结构

1—热电极;2—热接点;3—绝缘基板;4—引出线

热电偶传感器简称热电偶,是温度测量仪表中常用的测温元件。热电偶传感器的结构如图 5-1 所示。其工作原理是,两种不同成分的导体两端接合成回路,如图 5-2 所示,当两接合点热电偶温度不同时,就会在回路内产生热电流。由于冷、热两个端(接头)存在温差而产生的电势差 E,就是温差热电势。

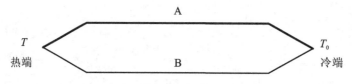

图 5-2 热电偶传感器闭合回路

将两种不同的导体(或半导体)A、B 组合成闭合回路,若两结点处温度不同,则回路中将有电流流动,即回路中有热电势存在。此热电势的大小除了与材料本身的性质有关以外,还取决于结点处的温差,这种现象称为热电效应或塞贝克效应。热电效应产生的热电势是由接触电势和温差电势两部分组成的。

5.1.1 接触电势

当两种导体(或半导体)接触在一起时,由于不同导体的自由电子密度不同,在结点处就会发生电子迁移扩散。失去电子的导体呈正电位,得到电子的导体呈负电位。当扩散达到平衡时,在两种金属的接触处形成电位差,此电位差称为接触电势。其大小与两种导体的性质及结点的温度有关,可表示为

$$E_{AB}(T) = \frac{KT}{e} \ln \frac{N_A}{N_B} \tag{5-1}$$

式中:$E_{AB}(T)$——A、B 两种导体在温度为 T 时的接触电势;

    K——玻尔兹曼常数;

    e——电子电荷;

    N_A, N_B——导体 A、B 的自由电子密度;

    T——结点处的绝对温度。

5.1.2 温差电势

温差电势也称为汤姆逊电势,其产生原因是,金属导体两端的温度不同,其自由电子的浓度也不相同,温度高的一端浓度较高,温度低的一端浓度较低,因此高温端的自由电子将向低温端扩散,高温端失去电子带正电,低温端得到电子带负电,从而形成温差电势,即

$$E_A(T, T_0) = \int_{T_0}^{T} \sigma_A dT \tag{5-2}$$

式中:$E_A(T, T_0)$——导体 A 的两端在温度分别为 T 与 T_0 时的温差电势;

σ_A——导体 A 的温度系数(又叫汤姆逊系数),它表示单一导体的两端温差为 1 ℃时所产生的温差电势。

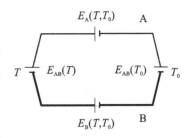

图 5-3　热电偶的热电势

热电偶的热电势如图 5-3 所示,可表示为

$$E_{AB}(T, T_0) = E_{AB}(T) - E_{AB}(T_0) + E_B(T, T_0) - E_A(T, T_0) \tag{5-3}$$

式中:$E_{AB}(T_0)$——A、B 两种导体在温度为 T_0 时的接触电势;

$E_B(T, T_0)$——导体 B 的两端在温度分别为 T 与 T_0 时的温差电势。

进一步简化为

$$E_{AB}(T, T_0) = \frac{k(T - T_0)}{e} \ln \frac{N_A}{N_B} - \int_{T_0}^{T} (\sigma_A - \sigma_B) dT \tag{5-4}$$

式中:σ_B——导体 B 的温度系数。

从以上内容可得出以下几点结论。

(1) 如果组成热电偶的两个电极的材料相同,即使是两结点的温度不同也不会产生热电势。

(2) 虽然组成热电偶的两个电极的材料不相同,但是两结点的温度相同,也不会产生热电势。

(3) 热电偶 AB 的热电势与导体 A、B 材料的中间温度无关,只与结点温度有关。

(4) 对于由两种不同电极材料组成的热电偶,当冷端温度 T_0 恒定时,产生的热电势在一定的温度范围内是热端温度 T 的单值函数。

5.1.3 热电偶的基本定律

1. 匀质导体定律

在由同一种匀质(电子密度处处相同)导体或半导体组成的闭合回路中,不论其截面积和长度如何,不论其各处的温度分布如何,都不能产生热电势,这就是匀质导体定律。

注意:

(1) 热电偶必须由两种不同的匀质材料制成,热电势的大小只与热电极的材料及两个结点的温度有关,而与热电极的截面积及温度分布无关。

(2) 此定律可用来检验热电极材料是否为匀质材料。

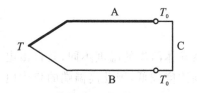

图 5-4　由 A、B、C 三种导体组成的热电偶

2. 中间导体定律

在热电偶回路中接入第三种金属导体,如图 5-4 所示,只要该金属导体 C 与金属导体 A、B 的两个结点处在同一温度,则此导体对回路总的热电势没有影响,称为中间导体定律。热电偶回路接入中间导体 C 后,有

$$
\left.\begin{aligned}
E_{ABC}(T, T_0) &= E_{AB}(T) + E_{BC}(T_0) + E_{CA}(T_0) + E_A(T_0, T) + E_B(T, T_0) + E_C(T_0, T_0) \\
E_{BC}(T_0) + E_{CA}(T_0) &= \frac{KT_0}{e}\ln\frac{N_B}{N_C} + \frac{KT_0}{e}\ln\frac{N_C}{N_A} = \frac{KT_0}{e}\ln\frac{N_B}{N_A} = -E_{AB}(T_0) \\
E_C(T_0, T_0) &= 0 \\
E_A(T_0, T) &= -E_A(T, T_0) \\
E_{ABC}(T, T_0) &= E_{AB}(T) - E_{AB}(T_0) + E_B(T, T_0) - E_A(T, T_0) = E_{AB}(T, T_0)
\end{aligned}\right\}
$$

$$(5-5)$$

式中:$E_{ABC}(T, T_0)$——由 A、B、C 三种导体组成的热电偶的热电势;

$\quad\quad E_{BC}(T_0)$——B、C 两种导体在温度为 T_0 时的接触电势;

$\quad\quad E_{CA}(T_0)$——A、C 两种导体在温度为 T_0 时的接触电势;

$\quad\quad E_A(T_0, T)$——导体 A 的两端在温度分别为 T_0 和 T 时的温差电势;

$\quad\quad E_C(T_0, T_0)$——导体 C 的两端温度均为 T_0 时的温差电势;

$\quad\quad N_C$——导体 C 的自由电子密度;

$\quad\quad \sigma_C$——导体 C 的温度系数。

此定律具有特别重要的实用意义,因为用热电偶测温时必须接入仪表(第三种材料),根据此定律,只要仪表两接入点的温度保持一致,仪表的接入就不会影响热电势。而且 A、B 结点的焊接方法也可以是任意的。

根据此定律,除可在热电偶测温回路中接入各种类型的显示仪表或调节器外,也可以推广到对液态金属材料和固态金属材料表面的温度测量。有时为了提高测量精度,或者为了使用上的方便,将热电极 A 和 B 直接插入液态金属或焊在固体金属表面上。例如,用热电偶连续测量铁水的温度就是这样的。在连续测量过程中,热电极不断地被铁水熔掉,而根据这个定律,就不需要先焊接了。

3. 连接导体定律、中间温度定律

在热电偶回路中,如果热电极 A 和 B 分别连接导线 a、b,其结点温度分别为 T、T_n、T_0,如图 5-5 所示,则回路中的总电动势 $E_{ABba}(T, T_n, T_0)$ 等于热电偶的电动势 $E_{AB}(T, T_n)$ 与连接导线的电动势 $E_{ab}(T, T_n)$ 之和,这就是连接导体定律。它可用下式表示。

$$E_{ABba}(T, T_n, T_0) = E_{AB}(T, T_n) + E_{ab}(T_n, T_0) \quad (5-6)$$

当 A 和 a,B 和 b 的材料分别相同,其各结点的温度仍为 T,T_n 和 T_0 时,总热电势由上式可得:

$$E_{AB}(T, T_n, T_0) = E_{AB}(T, T_n) + E_{AB}(T_n, T_0) \quad (5-7)$$

式中:$E_{AB}(T_n, T_0)$——导体 A,B 在温度分别为 T_n,T_0 时的热电势。

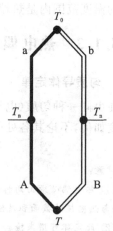

图 5-5　中间温度定律示意图

这就是中间温度定律。它表明结点温度为 T 和 T_0 的热电偶,其热电势等于结点温度分别为 T 和 T_n(中间温度),以及 T_n 和 T_0 两支同性质热电偶热电势的代数和。

中间温度定律也有重要的应用。热电偶的分度表均是以参比端 $T_0=0\,℃$ 为标准的,而热电偶在实际使用时其参比端温度不是 $0\,℃$,一般是高于 $0\,℃$ 的某个数值,如 $T_0=20\,℃$,此时可根据公式(5-7)来修正热电势,从而得到被测温度。

5.1.4　热电偶的冷端温度补偿方法

实际测温时,需要把热电偶输出的电势信号传输到远离现场数十米远的控制室里的显示仪表或控制仪表,这样,冷端温度需要比较稳定,才能保证测温的准确性。只有当冷端温度保持恒定,热电势才是热端温度的单值函数。这就需要采取一定的措施进行冷端温度补偿,消除冷端温度变化和不为 $0\,℃$ 时所引起的温度误差。

常用的补偿措施有补偿导线法、冷端 $0\,℃$ 恒温法、电桥补偿法等。

1．补偿导线法

工程中可采用一种补偿导线对冷端温度进行补偿,如图 5-6 所示。在 $0\sim100\,℃$ 温度范围内,要求补偿导线和所配热电偶具有相同的热电特性。可将热电偶电极做得很长,将冷端移到恒温或变化平缓的环境中。采用该方法时,一方面是安装使用不便,另一方面是需要耗费许多贵重的金属材。

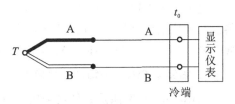

图 5-6　补偿导线法

2．冷端 0 ℃ 恒温法

在实验室及精密测量中,通常把冷端放入 $0\,℃$ 恒温器或装满冰水混合物的容器中,以使冷端温度保持 $0\,℃$。这是一种理想的补偿方法,但工业中使用极为不便。

3．电桥补偿法

电桥补偿法是利用不平衡电桥产生的电势来补偿热电偶因冷端温度不在 $0\,℃$ 时引起的热电势变化值,如图 5-7 所示,在热电偶与测温仪表之间串接一个直流不平衡电桥,电桥中的 R_1、R_2、R_3 用电阻温度系数很小的锰铜丝制作,另一桥臂的 R_T 用温度系数较大的铜线绕制。

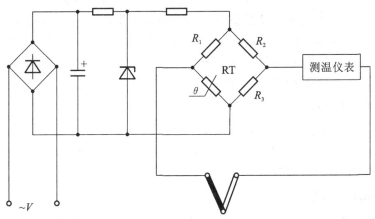

图 5-7　电桥补偿法

电桥的 4 个电阻均和热电偶冷端处在同一环境温度,但由于 R_T 的阻值随环境温度变化而变化,使电桥产生的不平衡电压的大小和极性随着环境温度的变化而变化,从而达到自动补偿的目的。

5.1.5　热电偶的材料

热电偶的热电极材料应满足以下要求。

（1）物理、化学性能稳定。

（2）测温范围宽。

（3）热电性能好。

（4）电阻温度系数小。

（5）热容量小。

（6）有良好的机械加工性能等。

完全满足上述条件的材料很难找到,故一般根据被测温度的范围,选择适当的热电极材料。目前热电极材料有金属、非金属和半导体三大类。常见的热电偶材料有康铜、Cu、Fe、W、NiCr、NiAl、Ni、Pt、PtRh、Ag 等。目前工业上常用的有以下四种标准化热电偶。

1. 铂铑$_{10}$（PtRh$_{10}$)-铂(Pt)热电偶

PtRh$_{10}$-Pt 热电偶是一种贵金属热电偶,正极是由质量分数为 90% 的铂(Pt)和 10% 的铑(Rh)制成的合金丝,负极为纯 Pt 丝。它可用于较高的温度,能长时间在 0～1 300 ℃下工作,短时间可工作在 1 600 ℃左右。它的物理化学性能稳定,因此具有较好的复制性、精确性、稳定性和可靠性,可在氧化性和中性气氛中使用。PtRh$_{10}$-Pt 热电偶的缺点是,热电势小,热电特性的非线性较大,不宜在还原性气体、金属蒸汽、金属氧化物、氧化硅和氧化硫等气氛中使用,否则会很快受到玷污而变质。在上述气氛中使用时,必须加保护套管。另外,它的价格较贵,热电偶金属丝的直径在 0.5 mm 以下,机械强度低。

2. 镍铬（NiCr)-镍硅(NiSi)热电偶

NiCr-NiSi 热电偶是一种廉价的金属热电偶,工业上应用较广泛。其正极是 NiCr 合金,其成分为 Ni(89%),Cr(10%),Fe(1%);负极是 NiSi 合金,其成分为 Si(2.5%～3%),Cr(≤0.69%),其余为 Ni。因为热电极中含有大量的 Ni,故这种热电偶在高温下抗氧化能力及抗腐蚀能力都很强。另外,其热电势与温度的线性关系好,热电势较大,复制性好,价格低廉,可长时间在 900 ℃温度环境下使用,短时间可以工作在 1 200 ℃左右,因此应用广泛。

NiCr-NiSi 热电偶的缺点是,在还原性介质、硫及硫化物介质(SO_2,H_2S)中测量 500 ℃以上温度时容易被腐蚀,这种情况下必须另加保护套管。另外,其精度低于 PtRh-Pt 热电偶。但由于它的热电势较大,所以还是可以保证有足够的精度的,其误差一般在 6 ℃～8 ℃范围内。

3. 镍铬-考铜热电偶

镍铬-考铜热电偶的热电势较高,电阻率小,适于在具有还原性和中性的场合下测量,长期测量温度在 600 ℃以下,短期测量温度可达 800 ℃。镍铬-考铜热电偶的优点是,热电灵敏度高,价格便宜;缺点是,测温范围窄而低,考铜合金丝易受氧化而变质。

4. 钨铼$_5$-钨铼$_{20}$热电偶

WRe$_5$-WRe$_{20}$ 热电偶的正极为由 95% 的 W 与 5% 的 Re 制成的合金,负极为由 80% 的

W、20%的 Re 制成的合金。W-Re 合金热电偶可在惰性气体、还原性气体及真空中使用,最高工作温度可达 3 000 ℃,线性较好,热电势较大,价格低廉。但这种热电偶易氧化,不能在氧化气体中使用。此外,这类合金的杂质含量不稳定,不同批的热电偶丝热电特性是有差别的,每一批应单独分类。

5.1.6 热电偶的结构

1. 普通型热电偶

普通型热电偶在工业上使用较多,它一般由热电极、绝缘套管、保护管和接线盒等组成,如图 5-8 所示,主要用于测量蒸汽和液体等介质的温度。

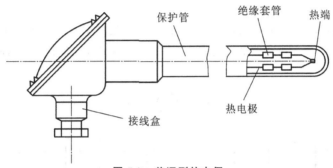

图 5-8 普通型热电偶

2. 铠装热电偶

铠装热电偶是 20 世纪 60 年代兴起的新型结构热电偶。它是把热电偶丝、绝缘材料和金属保护套管三者组成一个整体,并经复合拉伸而成的组合热电偶,如图 5-9 所示。其热电偶丝可以很细,直径一般为 1 mm~8 mm,最小可达 0.2 mm,长度为 1 m~20 m。铠装热电偶的特点是,动态响应快,热容量小,强度高,可挠性好,便于安装。

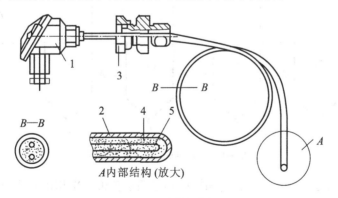

图 5-9 铠装热电偶

1—接线盒;2—金属套管;3—固定装置;4—绝缘材料;5—热电极

3. 薄膜热电偶

薄膜热电偶的形状有片状、针状等,它是利用真空镀膜、化学涂层和电泳等方法,将两种热电极材料直接蒸镀(或沉积)于绝缘的基片上而制成的。图 5-10 所示的是片状薄膜热电偶。片状薄膜热电偶的特点是热容量小,动态响应快,可直接贴附于被测表面,测量方便而迅速。

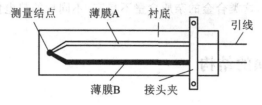

图 5-10　片状薄膜热电偶

5.1.7　热电偶测温电路

热电偶在测温时,往往不是测量一个点的温度,而是测量多点的温度取温度平均值。热电偶测温有两种基本形式:一种是热电偶串联测量,如图 5-11 所示;另一种是热电偶并联测量,如图 5-12 所示。

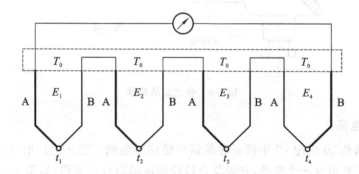

图 5-11　热电偶串联测量电路图

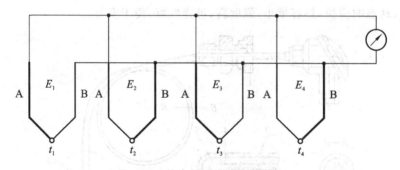

图 5-12　热电偶并联测量电路图

热电偶串联测量是指将 n 只型号相同的热电偶正负极依次相串联进行测量。若 n 只热电偶的热电势分别为 $E_1,E_2,E_3,\cdots,E_n$,则总热电势 $E_{串}$ 为

$$E_{串}=E_1+E_2+E_3+\cdots+E_n \tag{5-8}$$

热电偶的平均热电势 E 为

$$E=E_{串}/n \tag{5-9}$$

热电偶串联测量的优点是热电势大,精度比单只的高,缺点是串联热电偶中若某只热电偶断路,则整个测量电路无法工作。

热电偶并联测量将 n 只型号相同的热电偶正负极分别连接在一起进行测量。若 n 只热电偶的热电势分别为 $E_1,E_2,E_3,\cdots,E_n$,则总热电势为 n 只热电偶热电势值的平均值,即

$$E_{并}=(E_1+E_2+E_3+\cdots+E_n)/n \tag{5-10}$$

热电偶并联测量的缺点是输出热电势值较小,若某只热电偶断路无输出,则会产生测量误差。

5.2　热电阻传感器

5.2.1　热电阻的工作原理

热电阻就是利用物质(一般为纯金属)的电阻随温度变化并呈一定函数关系的特性,制成温度传感器来进行测温的。热电阻传感器是基于热电阻效应来测量温度的,即物质的电阻率随温度的变化而变化。

热电阻材料具有以下特点。

(1)高温度系数、高电阻率。这样在同样条件下可加快反应速度,提高灵敏度,减小体积,减轻质量。

(2)化学、物理性能稳定。化学、物理性能稳定,才能保证在使用温度范围内热电阻的测量准确性。

(3)良好的输出特性,即有线性的或者接近线性的输出。

(4)良好的工艺性,以便于批量生产、降低成本。

实践证明,纯金属、铂、铜、铁和镍是比较适合的热电阻材料。其中较常用的热电阻材料是铂和铜。

5.2.2　铂热电阻

铂是一种贵重金属,其物理和化学性能非常稳定,即便在氧化性介质中,其物理、化学性能也很稳定;易提纯,复现性好,有良好的工艺性;有较高的电阻率;在高精度的工业测量及计量检定中得到广泛的应用。铂电阻是制造热电阻的最好材料,主要用以制造标准电阻温度计。铂热电阻的缺点是:在还原性介质中性能易受影响;电阻温度系数不太高;价格贵。

在 $-200\sim0$ ℃范围内,铂热电阻与温度之间的关系为

$$R_t=R_0[1+At+Bt^2+C(t-100)t^3] \tag{5-11}$$

式中:R_0——温度为 0 ℃时铂热电阻的电阻值;

R_t——温度为 t ℃时铂热电阻的电阻值;

A、B、C——由实验确定的常数,单位符号分别为/℃,/℃^{2},/℃^{4}。

在 $0\sim850$ ℃范围内,铂热电阻与温度之间的关系为

$$R_t=R_0[1+At+Bt^2] \tag{5-12}$$

由以上两式可见,要确定电阻 R_t 与温度 T 的关系,首先要确定 R_0 的数值,R_0 称为热电阻的标称值。目前铂热电阻标称值有 $R_0=10\ \Omega$ 及 $R_0=100\ \Omega$ 两种。一般测温场合下可略

去 B、C 的影响,则 $R_t = R_0(1+At)$,即 Pt 热电阻的电阻-温度特性接近线性。铂热电阻的测温精度很高,达 0.001 ℃。

5.2.3　铜热电阻

铜价格低廉,容易提纯,可用来制造−50～150 ℃范围内工业用热电阻。铜热电阻的化学、物理性能稳定,灵敏度高(温度系数大),输出-输入特性接近线性。铜热电阻的缺点是其精度不如铂热电阻的高,电阻率低,且容易氧化,因此铜热电阻一般用在热电阻适用于工作在温度较低的介质中、没有水分和浸蚀性的介质之中,以及测量精度要求不太高、测温范围比较小的场合。铜热电阻的标称值有 $R_0 = 50\ \Omega$ 及 $R_0 = 100\ \Omega$ 两种。铜的测温精度为:在−50～50 ℃,为±0.5 ℃,在 50～150 ℃,为±1 ℃。

在−50～150 ℃温度范围内,铜热电阻与温度之间的关系为

$$R_t = R_0(1+At+Bt^2+Ct^3) \tag{5-13}$$

式中:R_t——温度为 t ℃时的铜热电阻的电阻值;

R_0——温度为 0 ℃时的铜热电阻的电阻值;

A、B、C——由实验确定的常数,单位符号分别为/℃,/℃²,/℃⁴。

5.2.4　铁热电阻和镍热电阻

铁热电阻和镍热电阻的电阻温度系数比铂热电阻和铜热电阻的高,电阻率较大,可做成体积小、灵敏度高的温度计,但易氧化,铁和镍不宜提纯且电阻与温度成非线性。它们的测量温度为−50～100 ℃,较少使用。

铂热电阻结构、铜热电阻结构和热电阻的外形如图 5-13 所示。

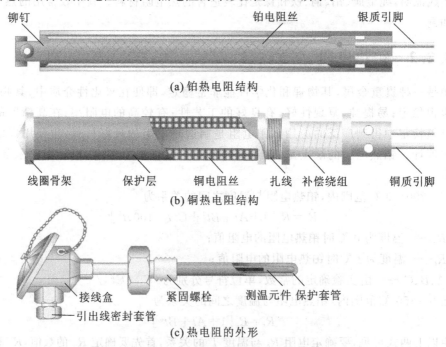

(a) 铂热电阻结构

(b) 铜热电阻结构

(c) 热电阻的外形

图 5-13　铂热电阻结构、铜热电阻结构和热电阻的外形

◀ 5.3 热敏电阻 ▶

热敏电阻(见图5-14)是利用半导体的电阻值与温度呈现一定函数关系的原理制成的温度传感器。

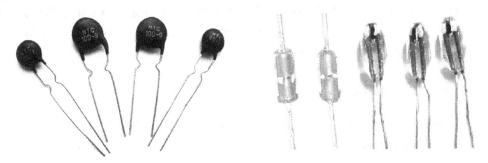

图5-14 热敏电阻

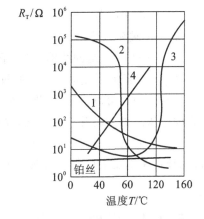

图5-15 热敏电阻的电阻-温度特性曲线
1—NTC;2—CTR;3—PTC

热敏电阻主要有三种类型,即正温度系数热敏电阻(PTC)、负温度系数热敏电阻(NTC)、临界温度系数热敏电阻(CTR)。三种热敏电阻的电阻-温度特性曲线如图5-15所示。

5.3.1 正温度系数热敏电阻(PTC)

正温度系数热敏电阻(PTC)是在以 $BaTiO_3$ 和 $SrTiO_3$ 为主的成分中加入少量 Y_2O_3 和 Mn_2O_3 构成的烧结体,其电阻值随温度升高而增大。

5.3.2 负温度系数热敏电阻(NTC)

负温度系数热敏电阻(NTC)是指随温度上升时电阻呈指数关系减小的传感器。其材料是一种由锰(Mn)、镍(Ni)、铜(Cu)、钴(Co)、铁(Fe)等金属氧化物按一定比例混合烧结而成的半导体,改变混合物的成分和配比就可以获得测温范围、阻值及温度系数不同的负温度系数热敏电阻(NTC)。它具有负的电阻温度系数,随温度上升而阻值下降。负温度系数热敏电阻(NTC)应用广泛。

5.3.3 临界温度系数热敏电阻(CTR)

用 V、Ge、W、P 等的氧化物在弱还原气氛中形成半玻璃状烧结体,可制成临界温度系数热敏电阻(CTR),它实际上是负温度系数型,但在某个温度范围里阻值急剧下降,曲线斜率在此区段特别陡峭,灵敏度极高,此特性可用于自动控温和报警电路中。

◀ 5.4　PN 结型温度传感器 ▶

PN 结型温度传感器是利用半导体二极管、三极管、可控硅等的伏安特性与温度的关系做成的温敏器件。PN 结型温度传感器具有体积小、反应快、线性较好且价格低廉的优点。它在很多仪表中用来进行温度补偿，特别适合用于对电子仪器或家用电器的过热保护，也常用于简单的温度显示和控制。不过由于受 PN 结耐热性能和特性范围的限制，PN 结型温度传感器只能用来测量 150 ℃以下的温度。

5.4.1　温敏二极管

在一定偏置电流下，半导体二极管 PN 结的压降是温度的函数，这个函数的曲线近似为直线。根据 PN 结理论，对于理想二极管，其正向压降 U_F 与温度 T 之间满足下列关系式：

$$U_F = U_{g0} - \frac{C_1 K}{e} T \qquad (5\text{-}14)$$

式中：e——电子电荷；

K——玻尔兹曼常数；

C_1——与 PN 结的结构、载流子迁移率和工艺条件有关的常数；

U_{g0}——绝对零度时 PN 结材料的导带底和价带顶的电势差。

从式(5-14)可以看出，二极管的正向电压与温度 T 之间呈线性关系。在一定的电流下，其正向电压随温度的升高而降低，故呈现负温度系数。

对于实际的二极管来说，只要它工作在 PN 结空间电荷区中的复合电流和表面漏电流可以忽略，又未发生在大注入效应的电压和温度范围内，其特性与上述理想二极管是相符合的。

5.4.2　温敏三极管

若使温敏三极管中的发射结处于正向偏置，并使集电极电流恒定，则温敏三极管基极与发射极之间的电压 U_{be} 和温度 T 的关系可表示为

$$U_{be} = U_{g0} - \frac{C_2 K}{e} T \qquad (5\text{-}15)$$

式中，C_2 为与 PN 结面积、载流子迁移率、集电极电流及工艺参数有关的常数。

从式(5-15)可以看出，温敏三极管基极与发射极之间的电压 U_{be} 和温度 T 之间呈线性关系。在集电极电流恒定的情况下，U_{be} 随 T 的升高而降低，故呈现负温度系数。

◀ 5.5　热电式传感器的应用 ▶

热电式传感器在日常生活、工农业生产、国防、航天、医学及科研中得到十分广泛的应用，本节仅举几例加以简单介绍。

5.5.1 无触点自动恒温控制器

无触点自动恒温控制器的电路如图 5-16 所示。其控温范围为从室温到 150 ℃，精度为 ±0.1 ℃。测温用的热敏电阻 RT 作为偏置电阻接在由 T1、T2 组成的差分放大器电路内，当温度变化时，热敏电阻阻值变化，引起 T1 集电极电流变化，影响二极管 D 支路电流，从而使电容 C 充电电流发生变化，则电容电压达到单结晶体管 BT 峰点电压的时刻发生变化，即单结晶体管的输出脉冲产生相移，改变了可控硅 SCR 的导通角，改变了加热丝的电源电压，从而达到自动控温的目的。图 5-16 中，电位器 Rp 用以调节不同的设定温度。

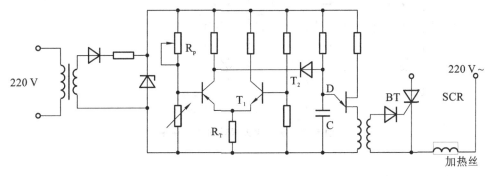

图 5-16 无触点自动恒温控制器的电路

5.5.2 室内空气加热器

PTC 热敏元件由于具有升温快、能自控、安全节能、组成电路简单等特点，因而在各种取暖器上得到了广泛的应用。图 5-17 所示的为室内空气加热器的电路及结构示意图。其中 PTC 热敏元件上有许多小孔，后面装有散热用的鼓风机。当接通电源后，PTC 元件由于阻值小会有大电流通过而开始加热，鼓风机同时工作，它吹出的空气把 PTC 热敏元件产生的热量带向室内空间。由于空气流速和 PTC 热量的自动平衡，出风口的温度达 50～60 ℃。当鼓风机由于故障原因停止转动时，PTC 热敏元件的阻值会急剧增大，从而限制了电流的通过，温度便下降到很低，可以避免意外事故的发生。

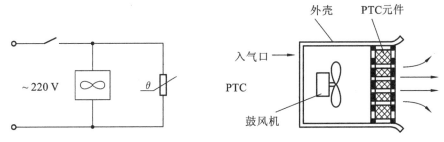

图 5-17 室内空气加热器电路及结构示意图

5.5.3 客房火灾报警器

图 5-18 所示的为客房火灾报警器的电路图。在每个客房中安装有由 TT201 温控晶闸管组成的火灾传感器，在每一路中又都串有发光二极管 LED，其总线串接报警电路再与电源

相连。为及时了解灾情,发光二极管及报警电路均设置在总监控台。若某一房间发生火灾时,房内的环境温度升高,当环境温度升高到温控晶闸管的开启电压温度时,该路的温控晶闸管导通,相应发光二极管发光显示,同时,由于温控晶闸管导通会使总线电流增大,产生报警信号,再经报警电路检测处理后,立即发出火灾警笛声响。

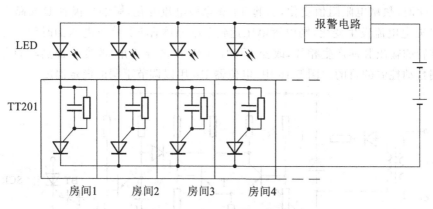

图 5-18　客户火灾报警器的电路图

本章小结

本章详细介绍了热电式传感器。主要内容有:热电偶测温的基本原理,热电阻传感器,热敏电阻,PN 结型温度传感器,以及热电式传感器的应用。

思考与练习

1. 什么是热点效应?
2. 简述热电偶的基本定律。
3. 热电偶的冷端温度补偿方法有哪些?
4. 简述热电偶的测温原理。

第 6 章
压电式传感器

压电式传感器属于无源传感器,是一种自发电式和机电转换式传感器。它的敏感元件(即压电元件)由压电材料制成,压电元件受力后表面产生电荷,此电荷经电荷放大器和测量电路放大和变换阻抗后就成为正比于所受外力的电量输出。压电式传感器用于测量力和能变换为力的非电物理量。

压电式传感器的优点是频带宽、灵敏度高、信噪比高、结构简单、工作可靠和质量轻等;缺点是某些压电元件需要采取防潮措施,而且输出的直流响应差,需要采用高输入阻抗电路或电荷放大器来克服这一缺陷。

6.1 压电效应

6.1.1 工作原理和特性

对于某些电介质,当沿着一定方向对它施力而使它变形时,其内部就产生极化现象,同时在它的两个表面上便产生符号相反的电荷,外力去掉后,它又重新恢复到不带电状态,这种现象称压电效应。

某些物质在沿一定方向受到压力或拉力作用而发生改变时,其表面上会产生电荷;若将外力去掉,它们又重新回到不带电的状态,这种现象称为正压电效应(加力→变形→产生电荷)。

在压电元件的两个电极面上,如果加以交流电压,那么压电片产生机械振动,即压电片在电极方向上有伸缩的现象,压电的这种现象称为电致伸缩效应,也叫作逆压电效应(施加电场→电介质产生变形→应力)。

6.1.2 压电材料

压电材料可以分为压电晶体、压电陶瓷和新型压电材料三大类。其中,第一类一般是单晶体,第二类为极化处理的多晶体。

压电材料在用于制成压电式传感器的敏感元件时应具备以下几个主要特性。

(1) 转换性能:要求具有较大的压电系数。

(2) 机械性能:机械强度高、刚度大。

(3) 电性能:高电阻率和大介电常数。

(4) 环境适应性:温度和湿度稳定性要好,要求具有较高的居里点,以获得较宽的工作温度范围。

(5) 时间稳定性:要求压电性能不随时间变化。

石英晶体、钛酸钡、锆钛酸铅等材料是性能优良的压电材料。

1. 石英晶体

石英的化学成分为 SiO_2。在几百摄氏度的温度范围内,石英晶体的介电常数和压电系数几乎不随温度而变化。但是当温度升高到 573 ℃时,石英晶体将完全丧失压电特性,这就是它的居里点。

图 6-1 所示的为天然形成的石英晶体的外形。石英晶体的突出优点是性能非常稳定,它有很大的机械强度和稳定的机械性能。但石英材料价格昂贵,且压电系数比压电陶瓷的低得多,因此它一般仅用于标准仪器或要求较高的传感器中。

在晶体学中,可以将其用三根互相垂直的轴表示,其中纵轴 z 称为光轴,通过六棱线而垂直于光轴的 x 轴称为电轴,y 轴称为机械轴。通常把沿电轴(x 轴)方向的作用力产生的压电效应称为纵向压电效应,把沿机械轴(y 轴)方向的作用力产生的压电效应称为横向压电效应。沿光轴(z 轴)方向的作用力不产生压电效应。

若从晶体上沿 y 轴方向切下一块如图 6-2 所示的晶片,当在电轴方向施加作用力 $\boldsymbol{F}_x$ 时,在与电轴 x 轴垂直的平面上将产生电荷 Q_x,其大小为

$$Q_x = d_{11} \cdot F_x \tag{6-1}$$

式中:d_{11}——x 轴方向受力的压电系数。

图 6-1　天然形成的石英晶体的外形

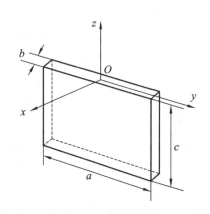

图 6-2　石英晶体晶片

若在同一切片上,沿机械轴 y 轴方向施加作用力 $\boldsymbol{F}_y$,则在与 x 轴垂直的平面上产生电荷 Q_y,其大小为

$$Q_y = d_{12} F_y \frac{b}{a} \tag{6-2}$$

式中:d_{12}——y 轴方向受力的压电系数,$d_{12} = -d_{11}$;

　　a,b——切片的长度和厚度。

石英晶体受力方向与电荷极性的关系如图 6-3 所示。

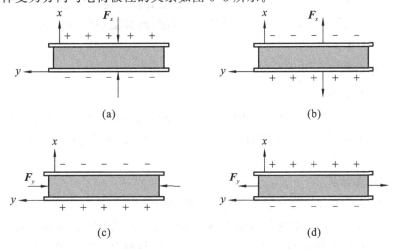

图 6-3　石英晶体受力方向与电荷极性的关系

综上所述,可以得到以下结论。

(1) 当晶片受到 x 轴方向的压力作用时,Q_x 只与作用力大小 F_x 成正比,而与晶片的几何尺寸无关。

(2) 沿机械轴 y 轴方向向晶片施加压力时,产生的电荷是与几何尺寸有关的。

(3) 石英晶体并非在任何方向都存在压电效应。

(4) 晶体在哪个方向上有正压电效应,则在此方向上一定存在逆压电效应。

(5) 无论是正压电效应还是逆压电效应,其作用力(或应变)与电荷(或电场强度)之间皆为线性关系。

2. 压电陶瓷

压电陶瓷是人工制造的多晶体压电材料。材料内部的晶粒有许多自发极化的电畴,电畴有一定的极化方向,从而存在电场。无外电场作用时,电畴在晶体中杂乱分布,它们各自的极化效应相互抵消,压电陶瓷内极化强度为零。因此原始的压电陶瓷呈中性,不具有压电特性。在陶瓷上施加外电场时,电畴的极化方向发生转动,趋向于按外电场方向排列,从而使材料得到极化。外电场越强,就有越多的电畴转向外电场方向。当外电场强度大到使材料的极化达到饱和的程度,即所有电畴的极化方向都整齐地与外电场方向一致时,外电场去掉后,电畴的极化方向基本没变化,即剩余极化强度很大,这时的材料才具有压电特性。

压电陶瓷的压电系数比石英晶体的大得多,所以采用压电陶瓷制作的压电式传感器的灵敏度较高。极化处理后的压电陶瓷材料的剩余极化强度和压电特性与温度有关,它的机电参数也随时间变化,从而使其压电特性减弱。最早使用的压电陶瓷材料是钛酸钡($BaTiO_3$),$BaTiO_3$ 具有很大的介电常数和较大的压电系数(约为石英晶体的 50 倍),但居里点只有115 ℃,使用温度不超过 70 ℃,温度稳定性和机械强度都不如石英晶体。锆钛酸铅是由 $PbTiO_3$(钛酸铅)和 $PbZrO_3$(锆酸铅)组成的固溶体 $Pb(Zr,Ti)O_3$,与钛酸钡相比,其压电系数更大,居里点在 300 ℃以上,各项机电参数受温度影响小,时间稳定性好。此外,在锆钛酸铅中添加一种或两种其他微量元素(如铌、锑、锡、锰、钨等),还可以获得不同性能的锆钛酸铅系压电陶瓷材料,因此锆钛酸铅系压电陶瓷是目前压电式传感器中应用最广泛的压电材料。压电陶瓷的优点是,烧制方便、易成形、耐湿、耐高温;缺点是,具有热释电性,会对力学量测量造成干扰。

3. 新型压电材料

1) 压电半导体材料

压电半导体材料有 ZnO、CdS(硫化镉)、CdTe(碲化镉)等。用压电半导体材料制成的力敏器件具有灵敏度高、响应时间短等优点。此外,用 ZnO 作为压电材料的表面声波振荡器,可检测力和温度等参数。

2) 高分子压电材料

某些合成高分子聚合物薄膜经延展拉伸和电场极化后,具有一定的压电性能,这类薄膜称为高分子压电薄膜。目前出现的压电薄膜有聚偏二氟乙烯 PVF_2、聚氟乙烯 PVF、聚氯乙烯 PVC、聚 γ 甲基-L 谷氨酸脂 PMG 等。高分子压电材料是一种柔软的压电材料,不易破碎,可以大量生产和制成较大的面积。

6.2 压电式传感器的等效电路和连接方式

6.2.1 压电式传感器的等效电路

当压电元件承受应力作用时,在它的两个极面上出现极性相反但电量相等的电荷,因此压电元件相当于一个电荷发生器。两个电极之间是绝缘的压电介质,使得压电元件又相当于一个电容器。

压电式传感器可以等效为一个理想电压源与电容相串联的等效电路,如图 6-4(a)所示。压电式传感器也可以等效为一个电荷源与一个电容并联的等效电路,如图 6-4(b)所示。

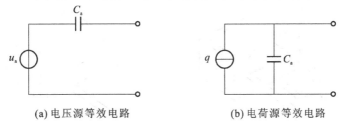

(a) 电压源等效电路 (b) 电荷源等效电路

图 6-4 压电式传感器的等效电路

注意:

由等效电路可知,只有当传感器内部信号电荷没有泄漏,并且外电路负载为无穷大时,压电式传感器受力作用后产生的电压或电荷才能长期保存。但实际上,压电式传感器内部信号电荷不可能没有泄漏,外电路负载也不可能为无穷大,只有外力以较高的频率不断作用,压电式传感器的电荷才能得到补充,因此压电式传感器不适用于静态测量。压电式传感器在交变力的作用下,电荷可以不断补充,在测量回路中才可产生一定的电流,故压电式传感器适用于动态测量。

实际使用时,压电式传感器通过导线与测量仪器相连接,连接导线的等效电容 C_c、前置放大器的输入电阻 R_i、输入电容 C_i 对电路的影响必须考虑。当考虑了压电元件的绝缘电阻 R_a 以后,压电式传感器完整的等效电路可表示成图 6-5 所示的电压源等效电路和电荷源等效电路。这两种等效电路是完全等效的。

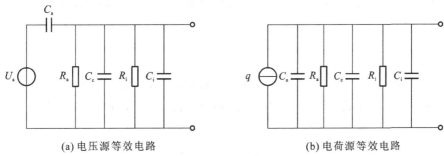

(a) 电压源等效电路 (b) 电荷源等效电路

图 6-5 压电式传感器完整的等效电路

注意：

利用压电式传感器测量静态量值或准静态量值时,必须采取一定的措施,使电荷从压电元件上经测量电路的漏失减小到足够小程度,而在动态力作用下,电荷可以得到不断补充,可以供给测量电路一定的电流,故压电式传感器适用于动态测量。

6.2.2 压电式传感器的连接方式

在实际应用中,由于单片压电片的输出电荷很小,因此,组成压电式传感器的压电片通常不止一片,常常将两片或两片以上的压电片黏结在一起。压电元件常用的连接方式有两种,即并联和串联,如图 6-6 所示。

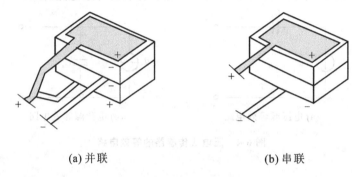

(a) 并联　　　　　　　　　　(b) 串联

图 6-6　压电元件的连接方式

1. 压电片的并联

图 6-6(a)所示的为并联连接方式:两片压电片的负电荷集中在中间电极上,正电荷集中在两侧的电极上。两片压电片并联的输出特性为:输出电荷、电容为单片的两倍,输出电压与单片的相同,即

$$q' = 2q; \quad U' = U; \quad C' = 2C \tag{6-3}$$

压电片并联时的电容量大、输出电荷量大、时间常数也大,故这种传感器适用于测量缓变信号且以电荷量作为输出信号的场合。

注意：

当采用电荷放大器转换压电元件上的输出电荷时,并联方式可以提高压电式传感器的灵敏度。

2. 压电片的串联

图 6-6(b)所示的为串联连接方式。采用串联时,正电荷集中于上极板,负电荷集中于下极板。两片压电片串联方式的输出特性为:输出电荷与单片的相等,输出电压为单片的两倍,电容为单片的一半,即

$$q' = q; \quad U' = 2U; \quad C' = \frac{1}{2}C \tag{6-4}$$

压电片串联时本身的电容量小、响应快、输出电压大,故这种传感器适用于测量以电压作输出的信号和频率较高的信号。

注意:
当采用电压放大器转换压电元件上的输出电压时,串联方式可以提高压电式传感器的灵敏度。

在上述两种接法中,并联接法输出电荷大,本身电容大,时间常数大,适宜用在测量缓变信号并且以电荷作为输出量的场合;串联接法输出电压大,本身电容小,适宜用于以电压作输出信号,并且测量电路输入阻抗很高的场合。

6.3 压电式传感器的应用

压电式传感器具有良好的高频响应特性,可以用于测量力、压力、加速度、位移和振动强度等物理量。

6.3.1 压电式测力传感器

压电式测力传感器是利用压电元件直接实现力-电转换的传感器,在拉、压场合,通常采用双片或多片石英晶体作为压电元件。其刚度大,测量范围宽,稳定性高,动态特性好。当采用大时间常数的电荷放大器时,可测量准静态力。按测力状态分,它可分为单向、双向和三向三种,它们在结构上基本一样。

图 6-7 所示的为压电式单向测力传感器的结构图。它可用于机床动态切削力的测量。绝缘套用来绝缘和定位。对基座内外表面对其中心线的垂直度,上盖及压电晶片、电极的上下面的平行度与表面光洁度都有极严格的要求,否则会使横向灵敏度降低或使压电晶片因应力集中而过早破碎。为提高绝缘阻抗,传感器装配前要经过多次净化,然后在超净工作环境下进行装配,加盖之后用电子束封焊。

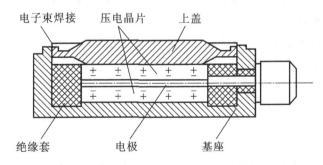

图 6-7　压电式单向测力传感器的结构图

压电式测力传感器的类型很多,但它们的基本原理与结构与压电式加速度大同小异。突出的不同点是,它必须通过弹性膜、盒等,把压力收集、转换成力,再传递给压电元件。为保证静态特性及其稳定性,通常采用石英晶体作为压电元件。

注意:

压电式传感器在测量低压力时线性度不好,主要是传感器受力系统中力传递系数的非线性所致。为此,在力传递系统中加入预加力(称预载)。这除了可以消除传感器受力系统中力传递系数的非线性外,还可以消除传感器内外接触表面的间隙,提高刚度。只有在加预载后,才能用压电式传感器测量拉力,拉、压交变力,剪力,扭矩。

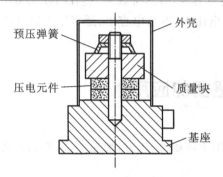

图 6-8　压缩压电式加速度传感器的结构图

（图中标注：预压弹簧、压电元件、外壳、质量块、基座）

6.3.2　压电式加速度传感器

图 6-8 所示的为压缩压电式加速度传感器的结构图。它主要由压电元件、质量块、预压弹簧、基座及外壳等组成,整个部件装在外壳内,并由螺栓加以固定。压电元件一般由两片压电晶片组成。在压电晶片的两个表面上镀银层,并在银层上焊接输出引线,或在两个压电晶片之间夹一片金属,引线就焊接在金属片上,输出端的另一根引线直接与传感器基座相连。在压电晶片上放置一个比重较大的质量块,然后用预压弹簧对质量块预加载荷。整个组件装在一个厚基座的金属壳体中。为了避免试件的任何应变传递到压电元件上去,避免产生假信号输出,一般要加厚基座或选用刚度较大的材料来制造基座。

测量时,将传感器基座与试件刚性固定在一起。当传感器感受到振动时,由于弹簧的刚度相当大,而质量块的质量相对较小,可以认为质量块的惯性很小,因此质量块感受到与传感器基座相同的振动,并受到与加速度方向相反的惯性力作用。这样,质量块就有一正比于加速度的交变力作用在压电晶片上。由于压电晶片具有压电效应,因此在它的两个表面上就产生了交变电荷(电压),当振动频率远低于传感器固有频率时,传感器的输出电荷(电压)与作用力成正比,即与试件的加速度成正比。输出电量由传感器输出端引出,输入到前置放大器后就可以用普通的测量器测出试件的加速度,如在放大器中加入适当的积分电路,就可以测出试件的振动加速度或位移。

当压电式加速度传感器和被测物一起受到冲击振动时,压电元件受质量块惯性力的作用。根据牛顿第二定律,此惯性力是加速度的函数,即

$$F=ma \tag{6-5}$$

式中:F——质量块产生的惯性力;

　m——质量块的质量;

　a——加速度。

此时惯性力 F 作用于压电元件上,因而产生电荷 q,当传感器选定后,m 为常数,则传感器输出电荷为

$$q=d_{33}F=d_{33}ma \tag{6-6}$$

式中:d_{33}——受力 F 时的压电系数。

由式(6-6)知,F 与加速度 a 成正比。因此,测得压电式加速度传感器输出的电荷便可

知加速度的大小。

压电式加速度传感器在现代生产生活中应用较广,如手提电脑的硬盘抗摔保护,目前用的数码相机和摄像机里,也有压电式加速度传感器,用以检测拍摄时手部的振动,并根据这些振动,自动调节相机的聚焦。压电式加速度传感器还应用于汽车安全气囊系统、防抱死系统、牵引控制系统等安全性能方面。

6.3.3 压电式金属加工切削力测量装置

机械加工中的切削力是关系着加工质量的一个参数,准确测量与合理控制切削力大小是机械加工时必须考虑的。图 6-9 所示的为压电式金属加工切削力测量装置。

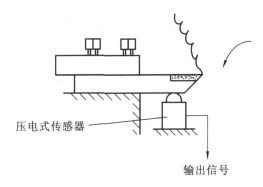

图 6-9 压电式金属加工切削力测量装置

6.3.4 压电式玻璃破碎报警器

珠宝店、博物馆等存放有大量贵重物品,为防盗和防抢劫,希望安装一种玻璃破碎时能自动报警的装置。这种报警装置需要能够最大限度地防止误报警,并且准确地将报警信号传达到中央控制室甚至传达给警方,以保证贵重物品的安全。考虑到现代犯罪通常会切断通用电源,报警系统和传感器系统需要能够在通用电源不能正常提供工作电压(电压过低或断电)时及时切换备用电源。对于一些比较敏感的场合(重要展览馆或展厅)需要将报警信号与警方联动,达到真正意义上保护贵重物品的要求。

本章小结

压电式传感器的工作原理主要基于某些电介质的压电效应,即在外力的作用下,电介质表面产生电荷,在外力消失后,电介质又恢复到不带电状态。常用的压电材料有压电晶体、压电陶瓷和新型压电材料。

压电式传感器可以等效为一个理想电压源与电容相串联或一个电荷源与电容相并联的等效电路。

压电式传感器在应用中,为了提高其灵敏度,通常采用将多片压电片进行串联或并联的连接方式。并联接法的特点是输出电荷大,本身电容大,时间常数大,适用于信号变化缓慢且以电荷作为输出量的场合。串联接法的特点是输出电压大,本身电容小,适用于以电压作为输出信号且测量电路输入阻抗较高的场合。

　　压电式传感器属于无源传感器，具有使用频带宽、灵敏度高、信噪比高、结构简单、工作可靠及质量小等优点，主要用于力、加速度等参数的测量。

思考与练习

　　1. 什么是压电式传感器？它有何特点？

　　2. 什么是压电效应？什么是逆压电效应？

　　3. 常用的压电材料有哪些？选取压电材料时应考虑哪些因素？

　　4. 压电片在应用中常采用多片串联或并联结构形式，试述在不同接法下输出电压、电荷、电容的关系，以及它们分别适用于何种应用场合。

　　5. 列举两个压电式传感器的应用，并说明其工作原理。

第7章
光电式传感器

光电式传感器是基于光电效应的传感器,一般由光源、光学通路和光电元件三部分组成。它在受到可见光照射后即产生光电效应,即将光信号转换成电信号输出。光电式传感器除了可以测量光强之外,还能利用光线的透射、遮挡、反射、干涉等测量多种物理量,如尺寸、位移、速度、温度等,因而是一种应用极广泛的重要敏感器件。用它进行光电测量时它不与被测对象直接接触,光束的质量又近似为零,在测量中,不存在摩擦,对被测对象几乎不施加压力。由于光电测量方法灵活多样,可测参数众多,具有非接触、高精度、高可靠性和反应速度快等特点,使得光电式传感器在检测和控制领域获得了广泛的应用。光电式传感器比其他传感器有明显的优越性,但其在某些应用方面也存在明显不足,如光学器件和电子器件价格较贵,并且对测量的环境条件要求较高。

◀ 7.1 光电效应 ▶

光电效应是指光照射到某些物质上,使该物质的导电特性发生变化的一种物理现象,可分为外光电效应和内光电效应两大类。

7.1.1 外光电效应

外光电效应是指在光作用下物体内的电子逸出物体表面向外发射的物理现象。一束光是由一束以光速运动的粒子流组成的,这些粒子称为光子。光子具有能量,每个光子具有的能量由下式确定

$$E = h\nu \tag{7-1}$$

式中:h——普朗克常量,$h = 6.626 \times 10^{-34}$ J·s;

ν——入射光的频率。

由式(7-1)知:光的波长越短,即频率越高,其光子的能量越大;反之,光的波长越长,其光子的能量越小。

光照射物体,可以看成一连串具有一定能量的光子轰击物体,物体中电子吸收的入射光子能量超过逸出功 A_0 时,电子就会逸出物体表面,产生光电子发射现象,超过部分的能量表现为逸出电子的动能。根据能量守恒定理得:

$$E = h\nu = \frac{1}{2}mv_0^2 + A_0 \tag{7-2}$$

式中:m——电子质量;

v_0——电子逸出速度。

式(7-2)称为爱因斯坦光电效应方程。由式(7-2)可知,光子能量必须超过逸出功 A_0,才能产生光电子,即发生外光电效应。因此,每一种物体都有一个对应于光电效应的光频阈值,称为红限频率。对于红限频率以上的入射光,外生光电流与光强成正比。当入射光的频谱成分不变时,产生的光电子与光强成正比;光电子逸出物体表面时具有初始动能 $\frac{1}{2}mv_0^2$,因此对于外光电效应器件,即使不加初始阳极电压,也会有光电流产生,为使光电流为零,必须加负的截止电压。

外光电效应原理如图 7-1 所示。

基于外光电效应的光电器件有光电管、光电倍增管等。

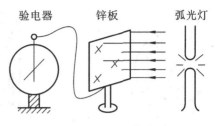

图 7-1 外光电效应原理

7.1.2 内光电效应

在光作用下,物体的导电性能发生变化或产生光生电动势的现象称为内光电效应。这是与外光电效应的区别。显然,照射的辐射通量越大,被激发的电子数越多,该物体的电阻值变得越小。内光电效应又可分为以下两类。

1. 光电导效应

在光作用下,电子吸收光子能量从键合状态过渡到自由状态,而引起材料电阻率变化,这种效应称为光电导效应。光敏电阻就是基于这种效应的光电器件。

2. 光生伏特效应

在光的作用下能够使物体产生一定方向的电动势的现象称为光生伏特效应。基于该效应的光电器件有光电池、光敏二极管、光敏三极管等。

◀ 7.2 光电器件 ▶

光电器件是将光能转换为电能的一种传感器件。掌握各种光电器件的原理和特性,是掌握光电式传感器的关键。下面介绍几种常见光电器件,要求掌握每种光电器件的伏安特性、光照特性、光谱特性、响应时间、温度特性等。

7.2.1 光电管

1. 光电管的结构与原理

光电管(见图 7-2)是基于外光电效应的光电器件。光电管分为真空光电管和充气光电管两种,二者结构相似。光电管的典型结构是,将球形玻璃壳内部抽成真空,在内半球面上涂一层光敏材料作为阴极,球心放置小球形或小环形金属作为阳极。若向球内充低压惰性气体(如氩气或氦气)就成为充气光电管。当光线照射到光敏材料上时,便有电子逸出,这些电子被具有正电位的阳极吸引,在光电管内形成空间电子流,在外电路就产生电流。光电子在飞向阳极的过程中与气体分子碰撞而使气体电离,可提高光电管的灵敏度。用作光电阴极的金属有碱金属、汞、金、银等,可适合不同波段的需要。光电管灵敏度低、体积大、易破损,已被固体光电器件代替。

光电管外观图如图 7-3 所示。

2. 光电管的基本特性

1) 伏安特性

在一定的光的照射下,对光电管的阴极所加的电压与阳极所产生的电流之间的关系称为光电管的伏安特性。真空光电管和充气光电管的伏安特性曲线如图 7-4 所示。

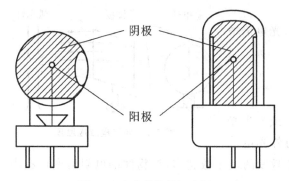

图 7-2　光电管结构示意图

图 7-3　光电管外观图

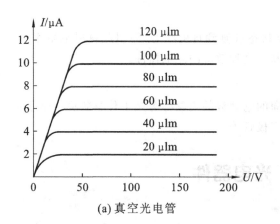

(a) 真空光电管　　　　(b) 充气光电管

图 7-4　光电管的伏安特性曲线

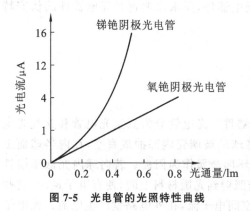

图 7-5　光电管的光照特性曲线

2）光照特性

当光电管的阳极和阴极之间所加电压一定和入射光频谱不变时，光通量与光电流之间的关系称为光电管的光照特性。光电管的阴极材料不同，其光照特性也不同，光照特性曲线的斜率（光电流与光通量之比）反映光电管的灵敏度。

图 7-5 所示的为氧铯阴极光电管和锑铯阴极光电管的光照特性曲线。由图 7-5 可知，氧铯阴极光电管的光照特性为线性关系，而锑铯阴极光电管的光照特性为非线性关系。

3）光谱特性

一般光电阴极材料不同的光电管有不同的红限频率 ν_0，因此它们适用于不同的光谱范围。即使照射在阴极上的入射光的频率高于红限频率 ν_0，并且强度相同，随着入射光频率的不同，阴极发射的光电子的数量也会不同，即同一光电管对于不同频率的光的灵敏度不同，这就是光电管的光谱特性。所以，对各种不同波长区域的光，应选用不同材料的光电阴极。

阴极用锑铯材料制成时，对可见光范围的入射光灵敏度比较高，适用于白光光源，被应用于各种光电式自动检测仪表中。对红外光源，常用银氧铯阴极，构成红外探测器。对紫外光源，常用锑铯阴极和镁镉阴极。另外，锑钾钠铯阴极的光谱范围较宽，灵敏度也较高，其光谱特性与人的视觉光谱特性很接近,是一种新型的光电阴极。也有些光电管的光谱特性和人的视觉光谱特性有很大差异,因而在测量和控制技术中,这些光电管可以担负人眼所不能胜任的工作,如坦克和装甲车的夜视镜等。

7.2.2 光电倍增管

由于普遍光电管的灵敏度较低,当入射光比较微弱时,普通光电管产生的光电流很小,不容易检测,因此人们便研制了光电倍增管(见图 7-6)。光电倍增管是把微弱的光输入并转化为光电子,并使得光电子获得倍增的一种光电探测器件。

光电倍增建立在二次电子发射和电子光学理论基础上,当光照射到光阴极时,光阴极向真空中激发出光电子。这些光电子经聚焦电场进入倍增系统,并通过进一步的二次发射

图 7-6 光电倍增管

倍增放大,然后把放大后的电子经阳极收集作为信号输出。因为采用了二次发射倍增系统,所以光电倍增管在探测紫外区、可见光区和近红外区的辐射能量的光电探测器中,具有极高的灵敏度和极低的噪声。另外,光电倍增管还具有增益高、噪声低、频率响应高、响应快速、成本低、阴极面积大等优点,是一种具有极高灵敏度和超快时间响应的光敏电真空器件。

光电倍增管由光阴极 K、倍增电极 D 以及阳极 A 三部分组成,如图 7-7 所示。

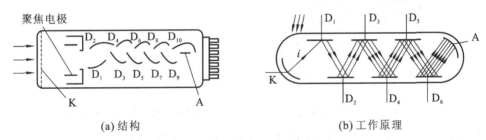

(a) 结构   (b) 工作原理

图 7-7 光电倍增管结构和工作原理图

光电倍增管工作时,各个倍增电极上均加上电压。阴极的电位最低,从阴极开始,各个倍增电极的电位依次增大,阳极电位最高。阴极室把阴极在光照下由外光电效应产生的电子聚焦在面积比光阴极小的第一打拿极 D_1 的表面上。二次发射倍增系统是最复杂的部分。倍增极主要由那些能在较小入射电子能量下有较高的灵敏度和较大的二次发射系数的材料制成。常用的倍增极材料有锑化铯、氧化的银镁合金和氧化的铜铍合金等。倍增极的形状应有利于将前一级发射的电子收集到下一极。在各打拿极 D_1,D_2,D_3,…,和阳极 A 上依次加有逐渐增高的正电压,而且相邻两极之间的电压差应使二次发射系数大于 1。这样,光阴极发射的电子在 D_1 电场的作用下高速射向打拿极 D_1,产生更多的二次发射电子,于是这些电子又在 D_2 电场的作用下向 D_2 飞去。如此继续下去,每个光电子将激发成倍增加的二次发射电子,最后被阳极收集。这样,一般经十次以上倍增,放大倍数可达到 108~1 010,最后,在高电位的阳极收集到放大了的光电流。因此在微弱的光照下,光电倍增管的阳极能产生很大的光电流。

阳极电流为

$$I = i \cdot \delta_i^m \tag{7-3}$$

式中：i——光电倍增管阴极的光电流；

　　　δ_i——光电倍增管的倍增系数；

　　　n——倍增电极的个数。

光电倍增管的倍增系数与所加电压有关，如果电压有波动，倍增系数也会波动。一般阳极和阴极的电压为 1 000 V～2 500 V，两个相邻的倍增电极之间的电压差为 50 V～100 V。

7.2.3　光敏电阻

光敏电阻是利用半导体的光电效应制成的一种电阻值随入射光的强弱而改变的电阻器。入射光强，电阻减小；入射光弱，电阻增大。

光敏电阻通常由光敏层、玻璃基片（或树脂防潮膜）和电极等组成，如图 7-8 所示。光敏电阻常用硫化镉（CdS）制成。目前，它分为环氧树脂封装和金属封装两款。

光敏电阻没有极性，纯粹是一个电阻器件，使用时既可加直流电压，也可加交流电压。其图形符号如图 7-9 所示。

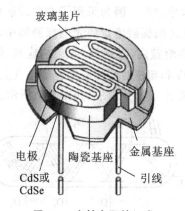

图 7-8　光敏电阻的组成

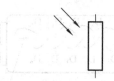

图 7-9　光敏电阻的图形符号

光敏电阻属半导体光敏器件，除具灵敏度高、反应速度快、光谱特性及电阻值一致性好等特点外，在高温、多湿的恶劣环境下，还能保持高度的稳定性和可靠性，可广泛应用于照相机、防盗报警器、火灾报警器、太阳能庭院灯、草坪灯、验钞机、石英钟、音乐杯、礼品盒、迷你小夜灯、光声控开关、路灯自动开关以及各种光控玩具等。

1. 光敏电阻的主要参数

1）暗电阻、暗电流

暗电阻是指光敏电阻在室温条件下，全暗（无光照射）下经过一定时间稳定后测量的电阻值。此时在给定电压下流过光敏电阻的电流称为暗电流。

2）亮电阻、亮电流

光敏电阻在某一光照强度下的阻值，称为该光照下的亮电阻。此时流过光敏电阻的电流称为该光照下的亮电流。

3）光电流

亮电流与暗电流之差称为光敏电阻的光电流。

实际中光敏电阻的暗电阻一般为 1～100 MΩ，而亮电阻通常在几 kΩ 以下。暗电阻与亮电阻之差越大，光敏电阻性能越好，灵敏度也越高。

当无光照时,虽然用不同材料制成的光敏电阻不大相同,但其暗电阻都很大,使得流过电路中的电流很小;当有光照射时,光敏电阻的阻值变小,电路中的电流增大。根据电路中电流的变化值,便可测出光照度。当光照停止时,光电效应自动消失,电阻又恢复到原值。

2. 光敏电阻的基本特性

1)伏安特性

在一定照度下,加在光敏电阻两端的电压与光电流之间的关系称为伏安特性。在图7-10 中,曲线 1、2 分别表示光照度为零、光照度为某值时光敏电阻的伏安特性曲线。由图7-10 可知,在给定偏压下,光照度越大,光电流也越大。在一定的光照度下,所加的电压越大,光电流越大,而且无饱和现象。但是电压不能无限地增大,因为任何光敏电阻都受额定功率、最高工作电压和最大额定电流的限制。超过最高工作电压和最大额定电流,可能导致光敏电阻永久性损坏。

2)光照特性

图 7-11 表示 CdS 光敏电阻的光照特性曲线。在一定外加电压下,光敏电阻的光电流和光通量之间的关系称为光照特性。不同类型光敏电阻的光照特性不同,但光照特性曲线均呈非线性。因此它不宜作定量检测元件,这是光敏电阻的不足之处。光敏电阻一般在自动控制系统中用作光电开关。

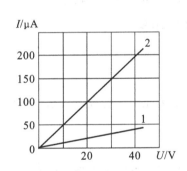

图 7-10 光敏电阻的伏安特性曲线

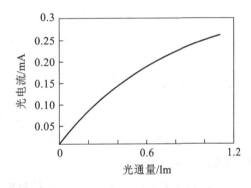

图 7-11 CdS 光敏电阻的光照特性曲线

3)光谱特性

光敏电阻的相对灵敏度与入射光波长之间的关系称为光谱特性。每种半导体材料的内光电效应对入射光的光谱都具有选择作用,因此,不同材料制成的光敏电阻有自己的光谱特性,即不同光敏电阻对不同波长的入射光有不同的灵敏度,而且对应最大灵敏度的入射光波长也不同。

光谱特性与光敏电阻的材料有关。从图 7-12 中可知,硫化铅光敏电阻在较宽的光谱范围内均有较高的相对灵敏度,光谱响应峰值在红外区;硫化镉、硒化镉的光谱响应峰值在可见光区。因此,选用光敏电阻时,应把光敏电阻的材料和光源的种类结合起来考虑,这样才能获得满意的效果。

4)温度特性

光敏电阻性能(灵敏度、暗电阻)受温度的影响较大。随着温度升高,其暗电阻减小,灵敏度下降,光谱特性曲线的峰值向波长短的方向移动。有时为了提高灵敏度,或为了能够接收较长波段的光的辐射,将元件降温使用。例如,可利用制冷器使光敏电阻的温度降低。图 7-13所示的为硫化镉光敏电阻的温度特性曲线。

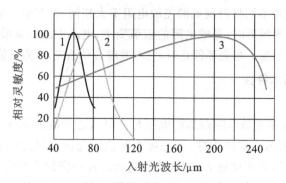

图 7-12　光敏电阻的光谱特性曲线

1—硫化镉；2—硒化镉；3—硫化铅

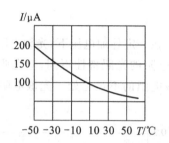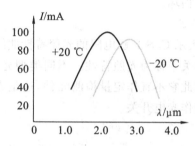

图 7-13　硫化镉光敏电阻的温度特性曲线

7.2.4　光敏二极管

在光作用下能使物体产生一定方向的电动势的现象称为光生伏特效应。基于该效应的器件有光敏二极管、光敏三极管和光电池。

1. 光敏二极管的结构

光敏二极管又称光电二极管，是半导体材料类型的光电管，是利用半导体的光敏特性制造的光接收器件，属于二极管的一种，因此具有和普通二极管相同的结构，其结构与图形符号如图 7-14 所示。它由一个 PN 结构成，具有和普通二极管相同的工作特性，即具有单向导电性。但光电二极管的用途与普通二极管的不同，光电二极管并不作为整流元件存在于电路中，而是作为一种完成光信号到电信号的转换功能的光电传感器件存在于电路中。

那么，它是怎样把光信号转换成电信号的呢？普通二极管在反向电压作用下处于截止状态，只能流过微弱的反向电流，光电二极管在设计和制作时尽量使 PN 结的面积相对较大，以便接收入射光。光敏二极管是在反向电压作用下工作的，没有光照时，反向电流极其微弱，叫暗电流；有光照时，反向电流迅速增大到几十微安，称为亮电流。光的强度越大，反向电流越大。光的变化引起光电二极管电流变化，这就可以把光信号转换成电信号，成为光电传感器件。

光敏二极管是一种特殊的二极管，在电路中一般是处于反向工作状态，如图 7-15 所示。在没有光照时，反向电阻很大，电路中有很小的反向饱和漏电流，又称为暗电流，此时光敏二极管相当于处于截止状态。当有光照射到 PN 结上时，光敏二极管内形成亮电流，并且光照度越强，亮电流越大。此时光敏二极管相当于处于导通状态。

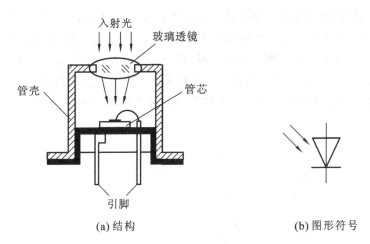

入射光
玻璃透镜
管壳
管芯
引脚

(a) 结构　　　　　　　　　　　(b) 图形符号

图 7-14　光敏二极管的结构与图形符号

光敏二极管外形图如图 7-16 所示。

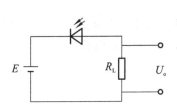

图 7-15　光敏二极管的基本电路

图 7-16　光敏二极管外形图

2. 光敏二极管的基本特性

1) 伏安特性

光敏二极管的伏安特性是指在给定光照度下,光敏二极管上反向电压与光电流之间的关系。图 7-17 所示的为不同光照度情况下的硅光敏二极管的伏安特性曲线。由图 7-17 可以看出,在一定的光照度下,硅光敏二极管的光电流随着所加反向电压的增大而增大。

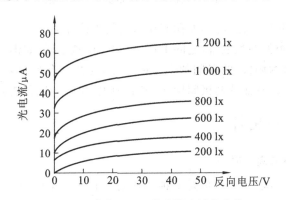

图 7-17　硅光敏二极管的伏安特性曲线

2) 光谱特性

光敏二极管根据制作材料的不同,可分为硅光敏二极管和锗光敏二极管等。图 7-18 所示的为硅光敏二极管和锗光敏二极管的光谱特性曲线。由图 7-18 可知,硅光敏二极管的峰值波长约为 $0.9\ \mu m$,锗光敏二极管的峰值波长约为 $1.5\ \mu m$,在峰值波长处,光敏二极管的相对灵敏度最高。当入射光波长增长或缩短时,相对灵敏度有急剧下降的趋势。另外,锗光敏二极管的敏感范围比硅光敏二极管的大,不过锗光敏二极管的温度性能较差,因而探测可见光时主要采用硅光敏二极管,探测红外光时主要采用锗光敏二极管。

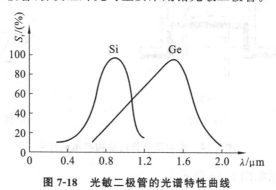

图 7-18　光敏二极管的光谱特性曲线

3）光照特性

光敏二极管的光照特性是指当所加反向工作电压一定时,光电流与光照度之间的关系。图 7-19 所示的为硅光敏二极管的光照特性曲线。由图 7-19 可以看出,硅光敏二极管的光照特性近似为线性关系。

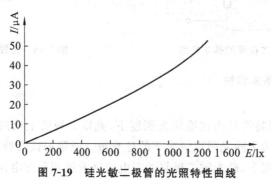

图 7-19　硅光敏二极管的光照特性曲线

光敏二极管的实际应用比较广,如我们楼道用的光控开关。

还有一种电子管类型的光电管,它的工作原理是,用碱金属(如钾、钠、铯等)做成一个曲面作为阴极,另一个极为阳极,两极间加上正向电压,这样当有光照射时,碱金属产生电子,就会形成一束光电子流,从而使两极间导通,光照消失,光电子流也消失,使两极间断开。

7.2.5　光敏三极管

1. 光敏三极管的结构与原理

光敏三极管也称光电三极管,也是一种晶体管。它有三个电极,与一般三极管相类似,可分为 PNP 型和 NPN 型两种。当光照强弱变化时,电极之间的电阻会随之变化。光电三极管和普通晶体管类似,也有电流放大作用。只是它的集电极电流不只可以受基极电路的电流控制,也可以受光的控制。光敏三极管的外形如图 7-20 所示。光敏三极管的结构和图形符号如图 7-21 所示。

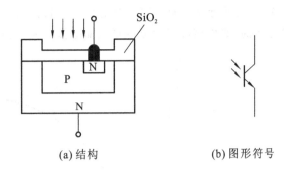

(a) 结构　　　　　　　　(b) 图形符号

图 7-20　光敏三极管的外形　　　图 7-21　光敏三极管的结构和图形符号

对于金属封装的,金属下面有一个凸块,与凸块最近的那只脚为发射极 e。如果该管仅有两只脚,那么剩下的那只脚则是光电三极管的集电极 c;假若该管有三只脚,那么离 e 脚较近的则是基极 b,离 e 脚远者则是集电极 c。环氧平头式、微型光电三极管的管脚识别方法是:由于这两种管子的两只脚不一样,所以识别最容易,最长脚为发射极 e,最短脚为集电极 c,剩下的一只管脚就是基极 b。

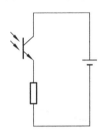

图 7-22　光敏三极管在电路中的接线

光敏三极管在电路中的接线如图 7-22 所示,集电极接正向电压,发射极接负电压。

2. 光敏三极管的基本特性

1）伏安特性

光敏三极管的伏安特性是指在给定光照度下,光敏三极管上电压与光电流之间的关系。图 7-23 所示的为不同光照度情况下的硅光敏三极管的伏安特性曲线。光敏三极管的伏安特性曲线和前面几种光电器件的有所不同。

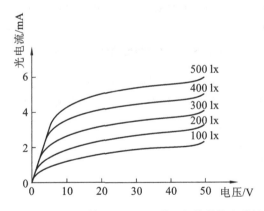

图 7-23　不同光照度情况下的硅光敏三极管的伏安特性曲线

2）光谱特性

光敏三极管与光敏二极管具有相同的光谱特性,光敏三极管的光谱特性曲线请参见图 7-18 所示的光敏二极管的光谱特性曲线。

3）光照特性

光敏三极管的光照特性是指当光敏三极管外加电压恒定时,光电流与光照度之间的关系。图 7-24 所示的为硅光敏三极管的光照特性曲线。光敏三极管的光照特性为非线性,光照度较小时,光电流随光照度的增大而缓慢增大;当光照度较大时,光电流又逐渐趋于饱和。

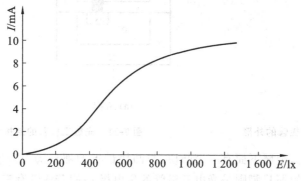

图 7-24　硅光敏三极管的光照特性曲线

5）温度特性

温度的变化对光敏三极管的暗电流和亮电流都会产生影响。光敏三极管的温度特性曲线如图 7-25 所示。由图 7-25 可知,相对于硅光敏三极管而言,锗光敏三极管的温度稳定性较差。

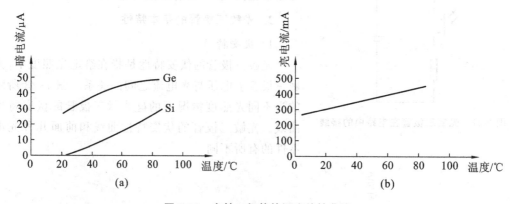

图 7-25　光敏三极管的温度特性曲线

由于亮电流比暗电流大得多,故在一定温度范围内,温度对亮电流的影响很小,而对暗电流的影响很大。为了提高信噪比,在电子线路设计过程中应该采取相应的补偿或降温措施,尽量消除或减小温度产生的误差。

7.2.6　光电池

1. 光电池的结构

光电池是一种在光的照射下产生电动势的半导体元件,是能直接将光能转换为电能的光电器件,是一个大面积的 PN 结。光电池在有光作用时实质上就是电压源,电路中有了这种器件就不需要外加电源。光电池用于光电转换、光电探测及光能利用等方面。光电池的种类很多,有硒光电池、氧化铜光电池、硫化铊光电池、硫化镉光电池、锗光电池、硅光电池、砷化镓光电池等,其中应用最广泛的是硅光电池,因为它有一系列优点,例如性能稳定、光谱范围宽、频率特性好、转换效率高、耐高温辐射等。

硅光电池的结构如图 7-26(a)所示,硒光电池的结构如图 7-26(b)所示。

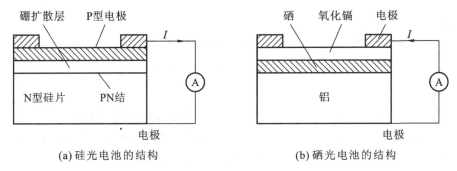

(a)硅光电池的结构   (b)硒光电池的结构

图 7-26 光电池的结构

2. 光电池的基本特性

1)光谱特性

对不同波长的光,光电池的相对灵敏度是不同的。图 7-27 所示的为硅光电池和硒光电池的光谱特性曲线。从图 7-27 中可知,不同材料的光电池,光谱响应峰值所对应的入射光波长是不同的,硅光电池的光谱响应峰值在 800 nm 附近,而硒光电池的光谱响应降值在 500 nm 附近。硅光电池的光谱响应波长范围是 400~1 200 nm,而硒光电池的是 380~650 nm。可见,硅光电池可以在很宽的波长范围内得到应用。

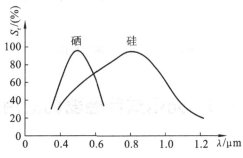

图 7-27 硅光电池和硒光电池的光谱特性曲线

2)光照特性

光电池在不同光照度下可产生不同的光电流和光生电动势。硅光电池的光照特性曲线如图 7-28 所示。从图 7-28 中可知,光电流(短路电流)在很大范围内与光照度呈线性关系,光生电动势(开路电压)与光照度呈非线性关系,并且光照强度为 2 000 lx 时趋近于饱和。

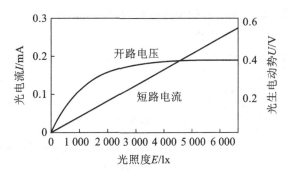

图 7-28 硅光电池的光照特性曲线

注意：

把光电池作为测量元件应用时，应把它看作电流源来使用，不能将它用作电压源。

3）温度特性

光电池的温度特性是指光电池的开路电压和短路电流随温度变化的关系。图 7-29 所示的为光电池的温度特性图。由图 7-29 可知，开路电压随着温度的升高而快速下降，而短路电流随着温度的升高而缓慢增加。在实际应用中，应采取温度补偿等措施避免光电池受到温度的影响。

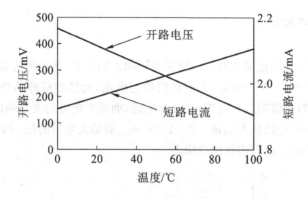

图 7-29　光电池的温度特性图

◀ 7.3　光电式传感器的应用 ▶

7.3.1　光电式烟尘浊度监测仪和光电式烟雾报警器

防止工业烟尘污染是环保的重要任务之一。为了消除工业烟尘污染，首先要知道烟尘排放量，因此必须对烟尘源进行监测，并实现自动显示和超标报警功能。烟道里的烟尘浊度是通过监测光在烟道里在传输过程中的变化大小来监测的。如果烟道浊度增加，被烟尘颗粒吸收和折射的光增加，到达光电式烟尘浊度监测仪的光减少，因而光电式烟尘浊度监测仪输出信号的强弱便可反映烟道浊度的变化。

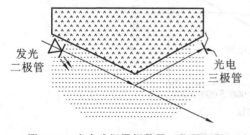

图 7-30　光电式烟雾报警器工作原理图

光电式烟雾报警器工作原理如图 7-30 所示。没有烟雾时，发光二极管发出的光线直线传播，光电三极管接收不到信号，也没有输出。有烟雾时，发光二极管发出的光被烟雾颗粒折射，使光电三极管接收到光线，并有信号输出，发出报警。

7.3.2　条形码扫描笔

条形码扫描笔的笔头结构和输出的脉冲列如图 7-31 所示。当扫描笔头在条形码上移动时,如果遇到黑色线条,发光二极管的光线就被黑线吸收,光敏三极管接收不到反射光,呈高阻抗,处于截止状态。当遇到白色间隔时,发光二极管所发射出的光线被反射到光敏三极管的基极,光敏三极管产生电流,处于导通状态。整个条形码被扫描过之后,光敏三极管将条形码变为一个个电脉冲信号,该信号经放大、整形后便形成脉冲列,再经计算机处理,完成对条形码信息的识别。

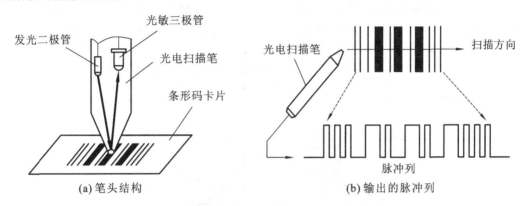

(a) 笔头结构　　　　　　　　　　(b) 输出的脉冲列

图 7-31　条形码扫描笔的笔头结构和输出的脉冲列

7.3.3　光电式转速计

根据光源和光电式传感器的相对位置,光电式转速计分为直射式和反射式两种。光电式转速计的工作原理图如图 7-32 所示。

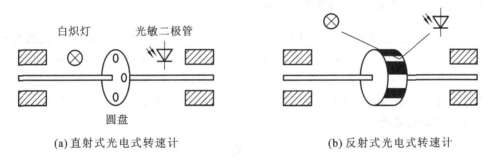

(a) 直射式光电式转速计　　　　　　(b) 反射式光电式转速计

图 7-32　光电式转速计的工作原理图

图 7-32(a)中,在待测转速轴上固定一个带小孔的圆盘,在圆盘的一侧用光源(白炽灯或其他光源)产生稳定的光信号,通过圆盘上的小孔照射到圆盘另一侧的光电式传感器上,通过传感器把光信号转换成相应的电脉冲信号,经过放大、整形后输出电脉冲信号,最后利用计数器进行计数,从而实现对转速的测量。

图 7-32(b)中,在待测转速轴上固定一个涂上黑白相间条纹的圆盘,它们具有不同的反射率。当转轴转动时,反光与不反光交替出现,光电式传感器间歇性地接收圆盘上的反射光信号,并将其转换成电脉冲信号。

转轴每分钟的转速 n 与脉冲频率 f 的关系为

$$n = \frac{f}{N} \cdot 60 \tag{7-4}$$

式中，N 为圆盘上小孔或黑白条纹的数目。

7.3.4 光电式产品计数器

在日常生产生活中，很多地方用到计数，例如饮料装箱等。产品在传送带上运行时，不断地遮挡到从光源到光电元件间的光路，使光电脉冲电路随产品的有无产生一个个电脉冲信号。产品每遮光一次，光电脉冲电路便产生一个电脉冲信号，因此，输出的脉冲数即代表产品的数目。该脉冲经计数电路计数并由显示电路显示出来。光电式产品计数器的工作原理如图 7-33 所示。

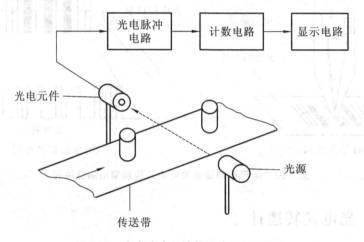

图 7-33　光电式产品计数器的工作原理图

7.3.5 光电式带材跑偏检测器

带材跑偏检测器用来检测带形材料在加工中偏离正确位置的大小及方向，从而为纠偏控制电路提供纠偏信号，主要用于印染、送纸、胶片、磁带生产过程中。光电式带材跑偏检测器的工作原理如图 7-34 所示。光源发出的光线经过透镜 1 汇聚为平行光束，投向透镜 2，随后被汇聚到光敏电阻上。在平行光束到达透镜 2 的途中，有部分光线受到被测带材的遮挡，使传到光敏电阻的光通量减少。

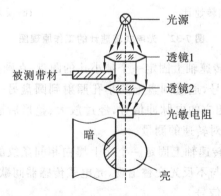

图 7-34　光电式带材跑偏检测器的工作原理

本章小结

光电式传感器一般由光源、光学通路和光电元件三部分组成。其工作原理是,以光电元件作为检测元件,将光的变化转换成电量的变化输出。光电式传感器输出的电量可以是模拟量,也可以是数字量。

光电元件是一种将光的变化转换为电量的变化的器件,其转换原理是基于物质的光电效应。光电效应分为外光电效应和内光电效应两大类。内光电效应又分为光电导效应和光生伏特效应两种。常见的光电器件有光电管、光电倍增管、光敏电阻、光敏二极管、光敏三极管、光电池等。

光电式传感器具有精度高、响应快、灵敏度高、功耗低、非接触测量、不易受电磁干扰等优点,可测参数众多,已广泛应用于自动检测、自动控制等领域。

思考与练习

1. 什么是光电效应? 光电效应分哪两类?
2. 分别列举属于内光电效应和外光电效应的光电器件。
3. 试述光电池的光电效应。
4. 试述光敏二极管的光电效应。
5. 为什么说光敏晶体管比光敏二极管具有更高的光照灵敏度?
6. 用光电式传感器测电机转速时,已知孔数为 40 个,频率计的读数为 2 kHz,则电机的转速是多少?

第 8 章
光纤传感器

光纤,也称为光导纤维,是由石英、玻璃或塑料等光折射率高的介质材料制成的极细的纤维,是一种理想的光传输线路。光纤传感器兴起于 20 世纪 70 年代。20 世纪 90 年代初,只有少数光纤传感器在市场上出现,其原因主要有三个:一是技术不成熟;二是可靠性不高;三是早期的光纤传感器是小批量生产,产品价格相对较高。当今世界,传感器在朝着灵敏、精确、适应性强、小巧和智能化的方向发展。在这一过程中,光纤传感器作为传感器家族的新成员备受青睐。近 10 年来,医学方面已有一百多万种光纤传感器用于人体血液及血压的测量,其他如用于胆红素、pH 酸碱度、尿素、辐射等测量的光纤传感器正处于临床试验阶段,部分已经商品化。光纤传感器可应用于小型侵入诊断,如用于光纤内诊镜和小型外科手术。由此可见,光纤传感器具有很多其他传感器无法比拟的优异性能,例如:具有抗强电磁和原子辐射干扰的性能;具有径细、质软、质量轻的机械性能;具有绝缘、无感应的电气性能;具有耐水、耐高温、耐腐蚀的化学性能;等等。它能够在人达不到的地方(如高温、高压区),或者对人有害的地区(如核辐射区,易爆、化学腐蚀等恶劣条件下),起到作人的耳目的作用,而且还能超越人的生理界限,接收人的感官所感受不到的外界信息。光纤传感器已经广泛应用于人体医学、城建监控、环境监测等方面,有着乐观的市场前景。

另外,干涉陀螺仪也是目前光纤传感器市场中重要的一类。它应用于航天航海、机器人工业、自控汽车、深钻、发动机及军事方面。

◀ 8.1 光纤的基本知识 ▶

8.1.1 光纤的结构

光纤通常由纤芯、包层及护套三部分组成,如图 8-1 所示。最内部中心圆柱体称为纤芯,是由某种类型的玻璃、石英或塑料制成的,直径约为 $5\sim150\ \mu m$,折射率为 n_1。环绕纤芯外的是一层圆柱形套层,称为包层,由特性与纤芯略有不同的玻璃或塑料制成,折射率为 n_2。纤芯的折射率 n_1 稍大于包层的折射率 n_2。最外面通常由一层绝缘的护套包覆,护套起保护作用。光纤的导光能力取决于纤芯和包层的光学性能,而纤芯的强度则由护套来维持,护套通常由塑料制成。

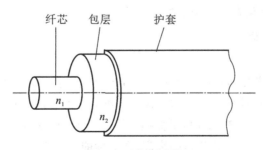

图 8-1 光纤的结构

8.1.2　光纤的传光原理

光波在光纤中的传播原理可以近似用光线的理论描述。在几何光学中,当光由光密物质(折射率为 n_1)射向至光疏物质(折射率为 n_2)时,在光密物质与光疏物质的界面处,光会发生折射或反射,图 8-2 所示的为光的折射与反射图。由折射定律得：

$$n_1 \sin\varphi_1 = n_2 \sin\varphi_2 \tag{8-1}$$

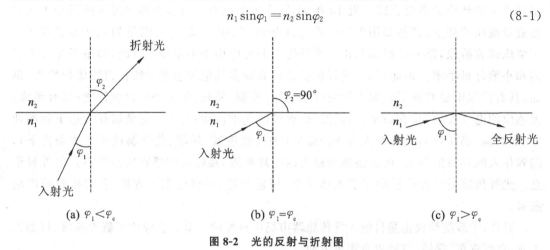

(a) $\varphi_1 < \varphi_c$　　　　(b) $\varphi_1 = \varphi_c$　　　　(c) $\varphi_1 > \varphi_c$

图 8-2　光的反射与折射图

当入射角 φ_1 小于临界入射角 φ_c 时,入射至界面的光以折射的方式进入到光疏物质中,如图 8-2(a)所示。

当入射角 φ_1 等于临界入射角 φ_c 时,此时光处于临界入射和反射状态,折射光将沿着两种物质交界面传播,折射角 $\varphi_2 = 90°$,如图 8-2(b)所示。

当入射角 φ_1 大于临界角 φ_c 时,则光不再产生折射,而只在光密物质中反射,即出现光的全反射现象,如图 8-2(c)所示。光的全反射现象是光纤传光原理的基础。

8.2　光纤的分类及参数

8.2.1　光纤的分类

光纤的种类很多,分类方法也是多种多样的。

1. 光纤按照材料分类

1) 石英光纤

石英光纤传输波长范围宽(从近紫外到近红外,波长为 $0.38\sim2.1~\mu m$),所以石英光纤适用于紫外到红外各波长信号及能量的传输。石英光纤的数值孔径大、纤芯直径(芯径)大、光损耗比较小,当波长 $\lambda = 1.2~\mu m$ 时,最低损耗约为 $0.47~dB/km$。锗硅光纤,包层用硼硅材料,其损耗约为 $0.5~dB/km$,具有机械强度高、弯曲性能好和很容易与光源耦合等优点,在光谱分析、过程控制及激光传输、测量技术、生物工程、传感技术等方面得到广泛应用。由于具有商品化、低成本、优异的光传输性能和生物相容性,以及高强度、高可靠性和高激光损伤阈值等诸多优点,石英光纤在能量传输,尤其是在通信中、工业和医学等领域的激光传输中得到了广泛的应用,这是其他种类的光纤无法比拟的。

2) 多组分玻璃光纤

多组分玻璃光纤用常规玻璃制成,损耗也很低。如硼硅酸钠玻璃光纤,当波长 $\lambda = 0.84\ \mu m$ 时,最低损耗约为 3.4 dB/km。

3) 塑料光纤

塑料光纤是用高度透明的聚苯乙烯或聚甲基丙烯酸甲酯(有机玻璃)制成的,即是用人工合成导光塑料制成的,它的特点是质量轻,柔软性好,制造成本低廉,相对来说芯径较大,与光源的耦合效率高,耦合进光纤的光功率大,使用方便。但由于损耗较大,达到 $100 \sim 200$ dB/km,带宽较小,这种光纤只适用于短距离低速率通信,如短距离计算机网链路、船舶内通信等。

2. 光纤按照传输模数分类

根据传输模数的不同,光纤可分为单模光纤和多模光纤。

光纤传输的光波,可以分解为沿纵轴向传播的波和沿横切向传播的波两种平面波成分。后者在纤芯和包层的界面上会产生全反射。当它在横切向往返一次的相位变化为 2π 的整倍数时,将形成驻波。形成驻波的光纤组称为模。它是离散存在的,即一定纤芯和材料的光纤只能传输特定模数的光。

1) 单模光纤

单模光纤是指在工作波长中,只能传输一个传输模式的光纤。单模光纤的纤芯直径很小,仅有几微米,接收角小,传输模式只有一个,这类光纤传输性能好,频带宽,具有很好的线性和很高的灵敏度。单模光纤多用于传输距离长、传输速率相对较高的线路中,如长途干线传输、城域网建设等。但是因为纤芯直径小,单模光纤制造和耦合困难。

2) 多模光纤

在给定的工作波长上,可能的传输模式为多个的光纤称作多模光纤。多模光纤的纤芯直径较大,达几十微米以上,传输模式多,由于每一个模光进入光纤的角度不同,它们在光纤中走的路径不同,因此它们到达另一端点的时间也不同。多模光纤容易制造,但性能较差,带宽较窄,长距离传输时色散较大,所以多模光纤不适用于长距离传输。

3. 光纤按照对光调制的方式分类

光纤传感器的工作原理是,通过被测量对光纤内传输的光进行调制,使传输光的振幅、波长、相位、频率或偏振态等发生变化,再对被调制的光信号进行检测,从而得出相应的被测量。将一个携带信息的信号叠加到载波光波上的过程称为光波的调制,简称光调制。

光调制技术是光纤传感器的基础和关键技术。光调制按调制方式可分为强度调制、相位调制、偏振调制、频率调制和波长调制等。同一种光调制方式可以实现多种物理量的检测,同一物理量也可利用多种光调制方式来实现测量。

4. 光纤按纤芯的折射率不同分类

按纤芯的折射率不同,光纤分为阶跃型光纤(又称突变型光纤)和渐变型光纤(又称自聚焦型光纤)两种。

图 8-3(a)所示的为阶跃型光纤的折射率,光波的折射率为定值 n_1,包层内的折射率为

定值 n_2，在纤芯和包层的界面处折射率发生阶跃变化。

图 8-3(b)所示为渐变型光纤的折射率，光波的折射率沿纤芯径向呈抛物线分布，在纤芯中心轴处的折射率最大。

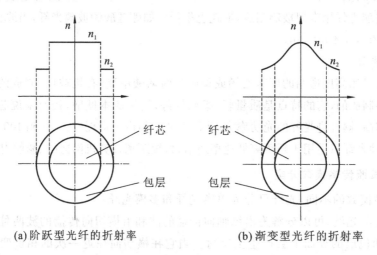

(a)阶跃型光纤的折射率   (b)渐变型光纤的折射率

图 8-3 阶跃型光纤和渐变型光纤的折射率

8.2.2 光纤的主要参数

1. 数值孔径

当光从空气中入射到纤芯端面时，能在纤芯中形成全反射的最大入射光锥半角的正弦值，称为光纤的数值孔径 NA，即

$$\mathrm{NA}=\sin\varphi_1=\sqrt{n_1^2-n_2^2} \tag{8-2}$$

式中：φ_1——相对于临界角的入射角；

   n_1——纤芯的折射率；

   n_2——包层的折射率。

数值孔径 NA 是光纤的一个基本参数，反映了光纤与光源或探测器等元件耦合时的耦合效率，只有入射光处于光锥内，光纤才能导光。

由式(8-2)可知，NA 与光纤的几何尺寸无关，仅与纤芯和包层的折射率有关，纤芯和包层的折射率差别越大，数值孔径就越大，φ_1 越大，光纤的集光能力越强，一般希望 NA 越大越好，但数值孔径太大，光线在传输的过程中反射的次数越多，离散越大，光信号畸变越严重，所以应该适当选择 φ_1。石英光纤的 NA=0.2～0.4。

2. 光纤模式

光纤模式是指光波在光纤中的传播途径和方式。沿光纤传输的光可以分解为沿轴向与沿截面传输的两种平面波长成分。因为沿截面传输的平面波是在纤芯与包层的分界面处全反射的，每一次往复传输的相位变化是 2π 的整数时，即可在截面内形成驻波。像这样的驻波光线组又称为模。光纤内只能存在特定数目的"模"传输光波。

(1)单模光纤：纤芯直径很小，接收角小，传输模式只有一个。这类光纤传输性能好，频带宽，具有很好的线性和很高的灵敏度，但制造困难。

（2）多模光纤：纤芯直径较大，传输模式多，容易制造，但性能较差，带宽较窄。

3. 传播损耗

由于光纤纤芯材料的吸收、散射及光纤弯曲处的辐射损耗等影响，光信号在光纤中传播时不可避免地存在损耗。

8.3　光纤传感器的组成、分类及应用

8.3.1　光纤传感器的组成

光纤传感器（见图 8-4）主要包括光纤、光源、光探测器和信号处理电路四个重要部分。光纤部分在上述部分已经介绍，此处不赘述。

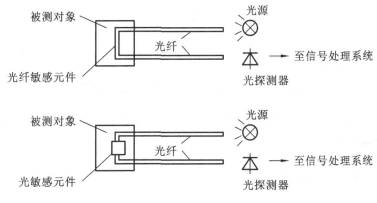

图 8-4　光纤传感器

1. 光源

光源可分为相干光源（各种激光器）和非相干光源（白炽灯、发光二极管）。实际中，一般要求光源的尺寸小、发光面积大、波长合适、足够亮、稳定性好、噪声小、寿命长、安装方便等。

2. 光探测器

光探测器包括光敏二极管、光敏三极管、光电倍增管、光电池等。光探测器在光纤传感器中有着十分重要的地位，它的灵敏度、带宽等参数将直接影响光纤传感器的总体性能。

8.3.2　光纤传感器的分类

按照光纤在传感器中的作用，光纤传感器为功能型光纤传感器、非功能型光纤传感器和拾光型光纤传感器三类。

1）功能型光纤传感器

功能型光纤传感器又称传感型光纤传感器。这类光纤传感器对被测信号兼有敏感和传输的作用，即它具有传与感两个特点。功能型光纤传感器主要使用单模光纤。光纤在这类光纤传感器中不仅是传光元件，而且利用光纤本身的某些特性来感知外界因素的变化，所以

它又是敏感元件。在功能型光纤传感器中,由于光纤本身是敏感元件,因此改变几何尺寸和材料性质可以提高传感器的灵敏度。功能型光纤传感器中的光纤是连续的,结构比较简单,但为了能够灵敏地感受外界因素的变化,往往需要用特种光纤作探头,这使得制造比较困难。

2)非功能型光纤传感器

非功能型光纤传感器又称传光型光纤传感器。这类光纤传感器利用在两根光纤中间或光纤端面放置敏感元件,来感受被测量的变化,光纤仅起传光作用。

3)拾光型光纤传感器

拾光型光纤传感器以光纤作为探头,接收由被测对象辐射的光或被其反射、散射的光。拾光型光纤传感器的工作原理示意图如图 8-5 所示。

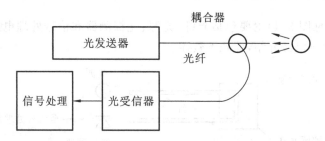

图 8-5　拾光型光纤传感器的工作原理示意图

光纤传感器还可以按光波在光纤中被调制的原理分为光强调制型、相位调制型、偏振态调制型和波长调制型等几种形式。

8.3.3　光纤传感器的应用

光纤是利用光的全反射原理来传输光波的。当光波在光纤中传输时,表征光波的特征参量(振幅、相位、偏振态、波长等),会由于被测参量(温度、压力、加速度、电场、磁场等)对光纤的作用而发生变化,从而引起光波的强度、干涉效应、偏振面发生变化,使光波成为被调制的信号光,再经过光探测器和解调器,从而获得被测参量的参数。

1. 光纤位移传感器

与其他机械量相比,位移是既容易检测又容易获得高精度的检测量,所以测量中常采用将被测对象的机械量转换成位移来检测的方法。例如:将压力转换成膜的位移;将加速度转换成重物位移等。这种方法结构简单,所以位移传感器是机械量传感器中的基本传感器。因此,利用具有独特优势的光纤传感技术的位移测量越来越受到人们的重视。图 8-6 所示的为线性位移测量装置示意图。

其基本原理是:光从光源经凸透镜耦合进输入光纤射向被测物体,经被测物体反射,有一部分光进入输出光纤,待测距离越小,进入输出光纤的反射光越多,根据探测器测量值就可以知道待测距离的大小,从而实现位移量的检测。

2. 光纤温度传感器

根据半导体物理学可知,透过半导体的光的强度随温度的升高而减弱。利用半导体的吸收特性可以制成透射式光纤温度传感器,如图 8-7 所示。在发射光纤和接收光纤之间夹

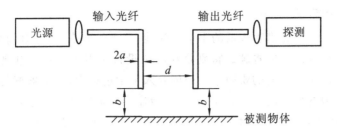

图 8-6 线性位移测量装置示意图

有一片厚度约为零点几毫米的半导体温敏元件,它可用碲化镉或砷化镓等制成,一般使半导体温敏元件与光纤成为一体。光源发出恒定功率的光,通过发射光纤传播到半导体温敏文件上,透射光受到温度的调制并由接收光纤接收,传播到光接收器并转换成电信号输出。

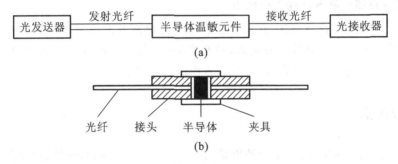

图 8-7 透射式光纤温度传感器

3. 光纤开关与定尺寸检测装置

光纤开关与定尺寸检测装置(见图 8-8)利用光纤中光强度的跳变来测出各种移动物体的极端位置,如定尺寸、定位、记数等。特别是用于小尺寸工件的某些尺寸的检测,有其独特的优势。

当光纤发出的光穿过标志孔时,若无反射,说明电路板方向放置正确。

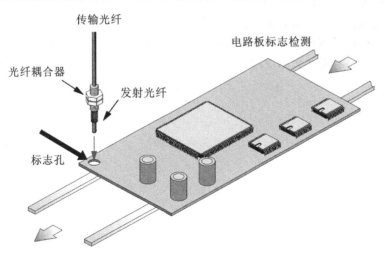

图 8-8 光纤开关与定尺寸检测装置

4. 光纤触觉传感器

当前,微创介入手术凭借着较低的手术风险性、较小的创伤、治疗时间短、恢复快速的特点,越来越受到医生和患者的青睐。特别是在临床设备中引入不具有电离辐射的核磁共振成像技术,更受到医生和患者的欢迎。在微创介入手术过程中,手术器械与人体组织间产生接触力,这种接触力的信息能否准确地反馈,对治疗医生来说是至关重要的。接触力信息准确地反馈给治疗医生,可以帮助治疗医生实时判断手术进展情况,从而选择更有效的手术治疗方案。这样,开发具有核磁共振成像兼容性能的触觉传感器就显得非常重要。而光纤材料具有抗电磁干扰的特性,能够与核磁共振成像兼容,并且价格低廉。光纤材料有许多优点,使得光纤触觉传感器具有较高的使用价值,进一步促进传感器在医疗上的更广泛的应用。

5. 光纤传感器在油气勘探上的应用

随着勘探钻井深度日益加深,要求传感器能适应更高的温度和其他恶劣的环境条件等要求。光纤传感器由于具有抗高温能力,具有多通络、分布式的感应能力,以及只需要较小的空间即可满足其使用条件等特点,成为这方面的佼佼者。

本章小结

光纤传感器具有灵敏度高、响应速度快、抗电磁干扰能力强、耐腐蚀、耐高温、体积小、质量小、成本低、可实现非接触式测量等优点,可应用于温度、位移、速度、加速度、压力、扭矩、应变、电压、电流、液位、流量等物理量的测量。

思考与练习

1. 简述光纤的结构和传光原理。
2. 光导纤维可以分成哪几类?
3. 光导纤维的主要参数有哪些?
4. 光纤数值孔径 NA 的物理意义是什么? 对 NA 的取值有何要求?
5. 光纤传感器有哪些实际应用?

第9章
图像传感器

图 9-1　图像传感器外观

图像传感器(见图 9-1),又称为感光元件,是一种将光学图像信息转换成电子信号的传感器,如今被广泛地应用在数码相机和其他电子光学设备中,是组成数字摄像头的重要组成部分。早期的图像传感器采用模拟信号,如摄像管。随着数码技术、半导体制造技术以及网络的迅速发展,数码相机产品在日常生活中的应用越来越多,短短的几年,数码相机就由几十万像素,发展到 1 000 万、2 000 万像素甚至更高。不仅在发达的欧美国家,数码相机已经占有很大的市场,就是在发展中的中国,数码相机的市场也在以惊人的速度增长,图像传感器信号由模拟量转变为数字量。因此,数码相机关键零部件——图像传感器产品就成为当前以及未来业界关注的对象,吸引着众多厂商投入。根据元件的不同,图像传感器产品主要分为 CCD(charge coupled device,电荷耦合器件)、CMOS(complementary metal-oxide semiconductor,互补金属氧化物半导体)以及 CIS(contact image sensor,接触式图像传感器)三种。

9.1　CCD 图像传感器

CCD 图像传感器使用一种高感光度的半导体材料制成,能把光线转变成电荷,并将电荷通过模/数转换器芯片转换成“0”或“1”数字信号。CCD 图像传感器具有光电转换、信息存储、延时和将电信号按顺序传输等功能,并且具有低照度效果好、信噪比高、通透感强、色彩还原能力佳等优点,在科学、教育、医学、商业、工业、军事等领域得到广泛应用。

CCD 图像传感器是按一定规律排列的 MOS(金属-氧化物-半导体)电容器组成的阵列。在 P 型或 N 型硅衬底上有一层很薄的二氧化硅,再在二氧化硅薄层上依次序沉积金属或掺杂多晶硅电极,形成规则的 MOS 电容器阵列,再加上两端的输入及输出二极管就构成了 CCD 芯片。

9.1.1　CCD 的工作原理

电荷耦合器件的突出特点是以电荷作为信号,而不同于其他大多数器件是以电流或者电压为信号。所以 CCD 的基本功能是存储和转移电荷。它存储由光或电激励产生的信号电荷,当对它施加特定时序的脉冲时,其存储的信号电荷便能在 CCD 内作定向传输。CCD 工作过程中的主要问题是信号电荷的产生(将光转换成信号电荷)、存储(存储信号电荷)、传输(转移信号电荷)和检测(将信号电荷转换成电信号)。

CCD 的工作原理如图 9-2 所示。

在 CCD 中,CCD 的信号为电荷信号,电荷注入的方法有很多,归纳起来,可分为光注入和电注入两类。CCD 工作过程的第一步是电荷的产生。CCD 可以将入射光信号转换为电荷输出,依据的是半导体的内光电效应(也就是光生伏特效应)。信号电荷的产生示意图如图 9-3 所示。

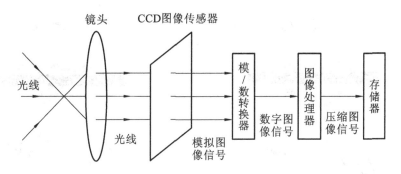

图 9-2　CCD 的工作原理

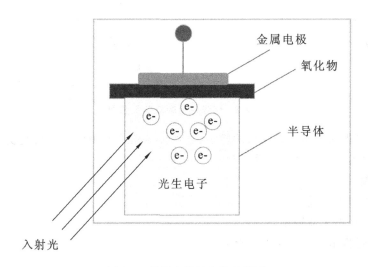

图 9-3　信号电荷的产生示意图

　　CCD 工作过程的第二步是信号电荷的存储收集，是将入射光子激励出的电荷收集起来使其形成信号电荷包的过程。CCD 的基本单元是 MOS 电容器，这种电容器能存储电荷。当金属电极上加正电压时，由于电场作用，电极下 P 型硅区里空穴被排斥到衬底电极一边，在电极下硅衬底表面形成一个没有可动空穴的带负电的区域——耗尽区。对电子而言，这是一个势能很低的区域，称为"势阱"。如图 9-4 所示，有光线入射到硅片上时，在光子作用下产生电子-空穴对，空穴在电场作用下被排斥出耗尽区，而电子被附近势阱"俘获"，势阱内吸的光子数与光强度成正比。

　　人们常把上述的一个 MOS 结构元称一个为 MOS 光敏元或一个像素，把一个势阱所收集的光生电子称为一个电荷包。CCD 器件内是在硅片上制作成百上千的 MOS 光敏元，对每个金属电极加电压，就形成成百上千个势阱；如果照射在这些 MOS 光敏元上的是一幅明暗起伏的图像，那么这些 MOS 光敏元就感生出一幅与光照度相应的光生电荷图像。这就是电荷耦合器件的光电物理效应基本原理。

　　CCD 工作过程的第三步是信号电荷包的传输转移，是将所收集起来的电荷包从一个像元转移到下一个像元，直到全部电荷包输出完成的过程。通过按一定的时序在电极上施加高低电平，可以实现光电荷在相邻势阱间的转移。CCD 的信号电荷读出方法有输出二极管电流法和浮置栅 MOS 放大器电压法两种。

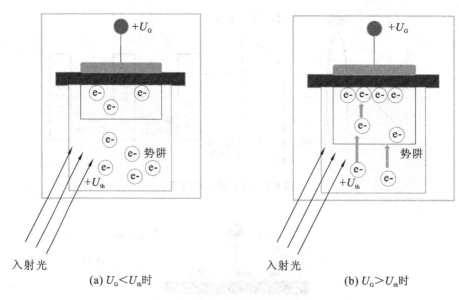

(a) $U_G < U_{th}$时 　　　　 (b) $U_G > U_{th}$时

图 9-4　信号电荷的存储示意图

CCD 工作过程的第四步是电荷的检测,是将转移到输出级的电荷转化为电流或者电压的过程。输出类型主要有以下三种。

(1) 电流输出。

(2) 浮置栅放大器输出。

(3) 浮置扩散放大器输出。

CCD 工作过程示意图如图 9-5 所示。

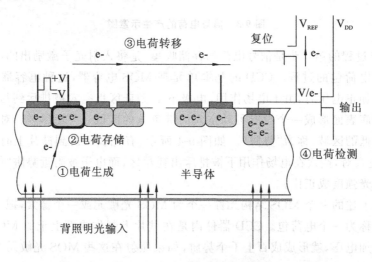

图 9-5　CCD 工作过程示意图

9.1.2　CCD 的分类

按照像素排列方式的不同,可以将 CCD 分为线阵和面阵两大类,如图 9-6 所示。

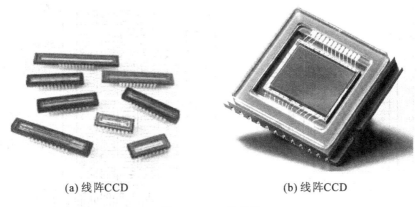

(a) 线阵CCD　　　　　　　　(b) 线阵CCD

图 9-6　CCD 的分类

1. 线阵 CCD

线阵 CCD 图像传感器如图 9-7 所示。目前,实用的线阵 CCD 图像传感器为双行结构,如图 9-7(b)所示。单、双数光敏元件中的信号电荷分别转移到上、下方的移位寄存器中,然后在控制脉冲的作用下,自左向右移动,在输出端交替合并输出,这样就形成了原来光敏信号电荷的顺序。

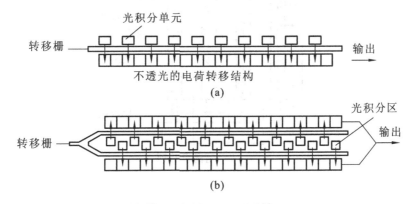

图 9-7　线阵 CCD 图像传感器

2. 面阵 CCD

面阵 CCD 图像传感器目前存在三种典型结构形式,如图 9-8 所示。

图 9-8(a)所示结构由行扫描电路、垂直输出寄存器、感光区和输出二极管组成。行扫描电路将光敏元件内的信息转移到水平(行)方向上,由垂直方向上的寄存器将信息转移到输出二极管,输出信号由信号处理电路转换为视频图像信号。这种结构易于引起图像模糊。

图 9-8(b)所示结构增加了具有公共水平方向电极的不透光的信号存储区。在正常垂直回扫周期内,具有公共水平方向电极的感光区所积累的电荷迅速下移到信号存储区。在垂直回扫结束后,感光区恢复到积光状态。在水平消隐周期内,信号存储区的整个电荷图像向下移动,每次总是将存储区最底部一行的电荷信号移到水平读出移位寄存器,该行电荷在水平读出移位寄存器中向右移动以视频信号的形式输出。当整帧视频信号自信号存储区移出后,就开始下一帧信号的形成。该 CCD 结构具有单元密度高、电极简单等优点,但增加了存储器。

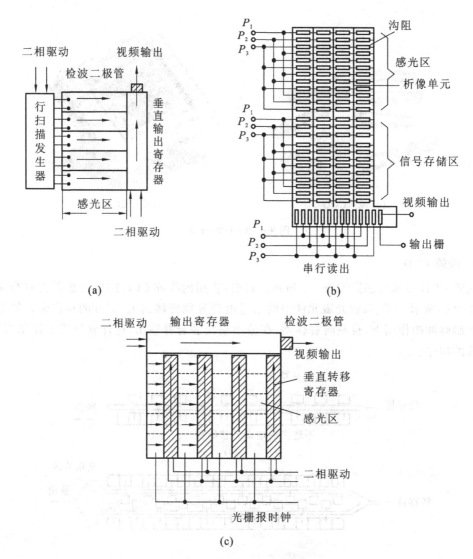

图 9-8　面阵 CCD 图像传感器典型结构形式

图 9-8(c)所示结构是用得最多的一种结构形式。它将图 9-8(b)中感光元件与存储元件相隔排列,即一列感光单元,一列不透光的存储单元交替排列。当感光区光敏元件光积分结束时,转移控制栅打开,电荷信号进入信号存储区。随后,在每个水平回扫周期内,信号存储区中整个电荷图像一次一行地向上移到水平读出移位寄存器中。接着这一行电荷信号在水平读出移位寄存器中向右移位到输出器件,形成视频信号输出。这种结构的器件操作简单,但单元设计复杂,感光单元面积小,图像清晰。

3. 超级 CCD

该如何判断 CCD 的优劣呢?最主要看两个参数,即像素大小和像素数。单个像素面积越大,CCD 能感知和收集的光信号就越多,进而引起感光灵敏度升高、信噪比增大、动态范围扩宽。具体到人眼看物,感光灵敏度升高、信噪比增大,我们在黑夜里就能看到更多真实的物品;动态范围扩宽,我们就能分辨更多的灰阶,将从白到黑的变化看得更真切。像素数的数值越大,CCD 获取图像的分辨率越高,我们看到的物体越细腻。理想情况下,当然是做像素面积大、像素数多的 CCD,但是 CCD 的像素大小与其单位面积上的像素数却始终存在着矛盾。一方面,单位面积上 CCD 像素数不能无限增加,因为单位面积上的像素数越多,意味着像素尺寸越小,进而导致感光灵敏度降低、信噪比下降、动态范围减小;另一方面,为了提高分辨率,又需要增加 CCD 的像素数。通过增大 CCD 的面积来解决二者的矛盾行之有效,但是增大 CCD 的面积又会导致 CCD 的制造成本剧增,显然不经济。也就是说,提高分辨率与单纯增加像素数之间存在着一种矛盾。为了解决这一问题,日本富士胶片公司对人类视觉进行了全面研究,突破了传统 CCD 的设计思路,改变 CCD 的结构,从根本上提高了CCD 的工作性能,满足了现代摄像摄影对 CCD 更高的要求。基于这种思路,研制出了超级CCD(super CCD)。

　　传统 CCD 和超级 CCD 对比图如图 9-9 所示。与传统 CCD 相比,超级 CCD 的性能在以下几个方面得到提升。

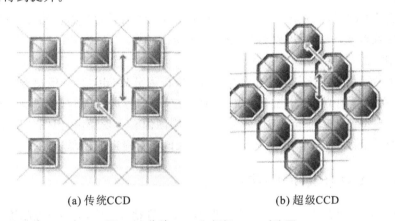

(a) 传统CCD　　　　　　　(b) 超级CCD

图 9-9　传统 CCD 和超级 CCD 对比图

1)分辨力

它具有独特的 45°蜂窝状像素排列,分辨力比传统 CCD 的高 60%。

2)感光度、信噪比、动态范围

像敏元光吸收效率的提高使这些指标明显改善,300 万像素时提升达 130%。

3)彩色还原

由于信噪比提高,且采用专门大规模集成电路信号处理器,彩色还原能力提高 50%。

9.1.3　CCD 图像传感器的性能指标

　　衡量 CCD 好坏的指标很多,如像素数、帧率、靶面尺寸、感光度、电子快门和信噪比等。其中,像素数和靶面尺寸是重要的指标。

1)像素数

像素数是指 CCD 上感光元件的数量。摄像机拍摄的画面可以理解为由很多个小的点组成,每个点就是一个像素。显然,像素数越多,画面就会越清晰,如果 CCD 没有足够的像素数,拍摄出来的画面的清晰度就会大受影响,因此,理论上 CCD 的像素数应该越多越好,但 CCD 像素数的增加会使制造成本增加,成品率下降。

2）帧率

帧率代表单位时间所记录或者播放的图片的数量,连续播放一系列图片就会产生动画效果。根据人类的视觉系统,当图片的播放速度大于 15 幅/秒时,人眼基本看不出来图片的跳跃;达到 24 幅/秒～30 幅/秒时,就已经基本觉察不到闪烁现象了。每秒的帧数或者说帧率表示图像传感器在处理场时每秒钟能够更新的次数。高的帧率可以得到更流畅、更逼真的视觉体验。

3）靶面尺寸

靶面尺寸也就是图像传感器感光部分的大小。一般用英寸(1 英寸＝2.54 厘米)来表示,和电视机一样,通常这个数据指的是这个图像传感器的对角线长度,常见的是 1/3 英寸。靶面越大,意味着通光量越好,而靶面越小,则比较容易获得更大的景深。比如,1/2 英寸可以有比较大的通光量,而 1/4 英寸可以比较容易获得较大的景深。

4）感光度

感光度表征 CCD 以及相关的电子线路感应入射光的强弱的能力。感光度越高,感光面对光的敏感度就越强,快门速度就越高,这在拍摄运动车辆、夜间监控的时候显得尤其重要。

5）信噪比

信噪比指的是信号电压与噪声电压的比值,单位为分贝(dB)。一般摄像机给出的信噪比均是 AGC 关闭时的值,因为当 AGC 接通时,会对小信号进行提升,使得噪声电平相应提高。信噪比的典型值为 45～55 dB。若为 50 dB,则图像有少量噪声,但图像质量良好;若为 60 dB,则图像质量优良,不出现噪声。信噪比越大说明对噪声的控制越好。

9.1.4　CCD 图像传感器的优点

(1) 高解析度。像点的大小为微米级,可感测及识别精细物体,提高影像品质。从 1 英寸、1/2 英寸、2/3 英寸、1/4 英寸到推出的 1/9 英寸,像素数从 10 多万增加到 400 万～500 万。

(2) 低噪点、高敏感度。CCD 具有很低的读出噪点和暗电流噪点,因此提高了信噪比,同时又具高敏感度,对很低光度的入射光也能侦测到,其信号不会被掩盖,使 CCD 的应用在一定程度上不受天候影响。

(3) 动态范围广。CCD 能同时侦测、分辨强光和弱光,扩大了系统环境的使用范围,不因亮度差异大而造成信号反差现象。

(4) 良好的线性特性曲线。入射光强度和输出信号大小呈良好的正比关系,物体信息不致损失,降低了信号补偿处理成本。

(5) 高光子转换效率。很微弱的入射光照射都能被记录下来,若配合影像增强管及投光器,即使是在暗夜远处的景物也侦测得到。

(6) 大面积感光。已可利用半导体技术制造大面积的 CCD 晶片,与传统底片尺寸相当的 35 mm 的 CCD 已经开始应用在数码相机中。

(7) 光谱响应广。能检测很宽波长范围的光,增强了系统使用弹性,扩大了系统应用领域。

(8) 低影像失真。使用 CCD 感测器,其影像处理不会有失真的情形,使原物体信息被真实地反映出来。

(9) 体积小、质量轻。CCD 具备体积小且质量轻的优点,因此,可容易地装置在人造卫星及各式导航系统上。

（10）低耗电。

（11）电荷传输效率佳。电荷传输效率影响信噪比、解像率,若电荷传输效率不佳,影像将变得较模糊。

（12）可大批量生产,品质稳定,坚固,不易老化,使用方便,保养容易。

9.2　CMOS 图像传感器

CMOS 图像传感器采用一般半导体电路最常用的 CMOS 工艺。CMOS 图像传感器是一种采用传统的芯片工艺方法将光敏元件、放大器、A/D 转换器、存储器、数字信号处理器和计算机接口电路等集成在一块硅片上的图像传感器。

CCD 图像传感器由于灵敏度高、噪声低,逐步成为图像传感器的主流。但由于工艺上的原因,光敏元件和数字信号处理电路不能集成在同一芯片上,造成由 CCD 图像传感器组装的摄像机体积大、功耗大。CMOS 图像传感器以其体积小、功耗低在图像传感器市场上独树一帜。

CMOS 相比 CCD 最主要的优势就是非常省电。CMOS 的耗电量只有普通 CCD 的 1/3 左右,CMOS 的主要问题是,在处理快速变换的影像时,由于电流变换过于频繁而导致过热,暗电流抑制得好就问题不大,如果抑制得不好就十分容易出现噪点。

9.2.1　CMOS 的组成

CMOS 的主要组成部分是像敏单元阵列和 MOS 场效应管集成电路,而且这两部分是集成在同一硅片上的。像敏单元阵列由光电二极管阵列构成。图 9-10 所示的像敏单元阵列按 X 和 Y 方向排列成方阵,方阵中的每一个像敏单元都有它在 X、Y 方向上的地址,并可分别由两个方向的地址译码器进行选择,输出信号送 A/D 转换器进行模/数转换变成数字信号输出。

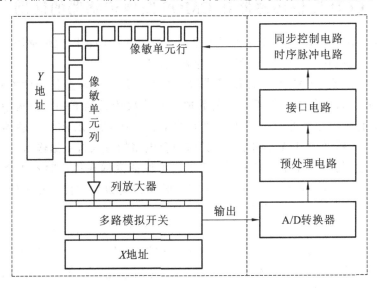

图 9-10　CMOS 的组成

9.2.2 CMOS 的技术参数

了解 CCD 和 CMOS 芯片的成像原理和主要参数对产品的选型非常重要。同样,相同的芯片经过不同的设计制造出的相机,性能也可能有所不同。

CMOS 的参数主要有以下几个。

1)像元尺寸

像元尺寸指芯片像元阵列上每个像元的实际物理尺寸,通常的尺寸包括 $14~\mu m$、$10~\mu m$、$9~\mu m$、$7~\mu m$、$6.45~\mu m$、$3.75~\mu m$ 等。像元尺寸从某种程度上反映了芯片对光的响应能力,像元尺寸越大,能够接收到的光子数量越多,在同样的光照条件和曝光时间内产生的电荷数量越多。对于弱光成像而言,像元尺寸是芯片灵敏度的一种表征。

2)灵敏度

灵敏度是芯片的重要参数之一,它具有两种物理意义:一种是指光器件的光电转换能力,与响应率的意义相同,即芯片的灵敏度指在一定光谱范围内,单位曝光量的输出信号电压(电流);另一种是指器件所能传感的对地辐射功率(或照度),与探测率的意义相同。

3)坏点数

由于受到制造工艺的限制,对于有几百万个像素点的传感器而言,所有的像元都是好的几乎不太可能。坏点数是指芯片中坏点(不能有效成像的像元或相应不一致性大于参数允许范围的像元)的数量。坏点数是衡量芯片质量的重要参数。

4)光谱响应

光谱响应是指芯片对不同波长的光的响应能力,通常由光谱响应曲线给出。

从产品的技术发展趋势看,无论是 CCD 还是 CMOS,体积小型化及高像素化仍是业界积极研发的目标。像素尺寸小,图像产品的分辨率越高,清晰度越好,体积越小,其应用面越广泛。

9.2.3 CCD 图像传感器和 CMOS 图像传感器的区别

CCD 图像传感器与 CMOS 图像传感器是被普遍采用的两种图像传感器,两者都是利用光电二极管进行光电转换,将图像转换为数字数据的。

CCD 图像传感器与 CMOS 图像传感器的主要差异是数字数据传输的方式不同。CCD 图像传感器中每一行中每一个像素的电荷数据都会依次传送到下一个像素中,由最底端部分输出,再经由传感器边缘的放大器进行放大输出。而在 CMOS 图像传感器中,每个像素都会邻接一个放大器及 A/D 转换电路,用类似内存电路的方式将数据输出。

造成这种差异的原因在于:CCD 的特殊工艺可保证数据在传输时不失真,因此各个像素的数据可汇聚至边缘再进行放大处理;而 CMOS 工艺的数据在传输距离较长时会产生噪声,因此,必须先放大,再整合各个像素的数据。

CCD 图像传感器与 CMOS 图像传感器另一个主要差异是电荷读取方式不同。对于 CCD,光通过光电二极管转化为电荷,然后电荷通过传感器芯片传递到转换器,最终信号被放大,因此电路较为复杂,速度较慢。对于 CMOS,光通过光电二极管的光电转换后直接产生电压信号,信号电荷不需要转移,因此 CMOS 图像传感器集成度高,体积小。

除此之外,由于数据传输方式不同,CCD 图像传感器与 CMOS 图像传感器在效能与应用上也有很多差异,这些差异体现在以下五个方面。

1)灵敏度

由于 CMOS 图像传感器的每个像素由四个晶体管与一个感光二极管构成(含放大器与 A/D 转换电路),使得每个像素的感光区域远小于像素本身的表面积,因此在像素尺寸相同的情况下,CMOS 图像传感器的灵敏度要低于 CCD 图像传感器的灵敏度。

2)成本

由于 CMOS 图像传感器采用一般半导体电路最常用的 CMOS 工艺,可以轻易地将周边电路集成到传感器芯片中,因此可以节省外围芯片的成本。由于 CCD 采用电荷传递的方式传输数据,只要其中有一个像素不能运行,就会导致一整排的数据不能传输,因此提高 CCD 图像传感器的成品率比提高 CMOS 传感器的困难许多,即使有经验的厂商也很难在产品问世的半年内突破 50% 的水平,因此,CCD 图像传感器的成本会高于 CMOS 图像传感器的成本。

3)分辨率

CMOS 图像传感器的每个像素都比 CCD 图像传感器的复杂,其像素尺寸很难达到 CCD 图像传感器的水平,因此,相同尺寸的 CCD 图像传感器与 CMOS 图像传感器,CCD 图像传感器的分辨率通常会优于 CMOS 图像传感器的水平。

4)噪声

由于 CMOS 图像传感器的每个感光二极管都需搭配一个放大器,而放大器属于模拟电路,很难让每个放大器所得到的结果保持一致,因此与只有一个放大器放在芯片边缘的 CCD 图像传感器相比,CMOS 图像传感器的噪声就会大很多,影响图像品质。

5)功耗

CMOS 图像传感器的图像采集方式为主动式,感光二极管所产生的电荷会直接由晶体管放大输出,但 CCD 图像传感器采用被动式采集图像,需外加电压让每个像素中的电荷移动,而此外加电压通常需要达到 $12 \sim 18$ V,因此,CCD 图像传感器除了在电源管理电路设计上的难度更高之外(需外加 power IC),高驱动电压更使其功耗远高于 CMOS 图像传感器的水平。例如:OmniVision 推出的 OV7640(1/4 英寸、VGA),在 30 fps 的速度下运行,功耗仅为 40 mW;致力于低功耗 CCD 图像传感器的 Sanyo 公司推出的 1/7 英寸、CIF 等级的产品,其功耗仍保持在 90 mW 以上。所以,CCD 发热量比 CMOS 的大,不能长时间在阳光下工作。

综上所述,CCD 图像传感器在灵敏度、分辨率、噪声控制等方面都优于 CMOS 图像传感器,而 CMOS 图像传感器则具有低成本、低功耗以及整合度高的优点。不过,随着 CCD 与 CMOS 传感器技术的进步,两者的差异有逐渐缩小的态势。例如:CCD 图像传感器一直在功耗上做改进,以应用于移动通信市场;CMOS 图像传感器则在改善分辨率与灵敏度方面的不足,以应用于更高端的图像产品。

9.2.4 纳米 CMOS 图像传感器在航空航天中的应用

CMOS 图像传感器以其在系统功耗、体积、质量、成本、功能性、只需单一电源、抗辐射性能以及可靠性等方面的优势而在空间成像领域中得到越来越广泛的应用。空间飞行器尺寸的不断减小促进了纳米 CMOS 图像传感器技术的快速发展。而当 CMOS 器件达到纳米级以后,使得纳米CMOS图像传感器以其体积更小的优点,必将具有很好的应用前景。纳米CMOS图像传感器有望在下列领域得到更充分的发展。

1. 空中军事侦察

CMOS图像传感器在近红外波段的灵敏度比在可见光波段高5～6倍,故可将纳米CMOS图像传感器用于侦察机中。它用于提高飞机驾驶员在光线不良和雨雪、灰尘、烟雾等恶劣大气下驾驶的能力,从而保证军用飞机可以在黑暗中或不易被敌方发现的模糊条件下驾驶。

2. 空间遥感成像

在目前对地观察的卫星的主要遥感成像技术中,红外遥感技术设备复杂、昂贵。微波辐射计通常仅适用于大范围(如局部海域、沙漠或地质结构)的低分辨率数据获取。雷达系统质量较大,系统复杂,需要较大的功率、较高的数据传输速率和较强的存储能力。同时,这几种设备目前还存在难以实现微型化等问题。随着空间飞行器尺寸的不断减小,对于质量小于10 kg的微纳卫星来说,光成像技术(以可见光为主)将成为主要观察手段。纳米CMOS图像传感器在系统功耗、体积、质量、成本、功能性、抗辐射性能以及可靠性等方面占据着绝对优势,故在微纳卫星上具有广泛的应用前景。

3. 星敏感器

星敏感器通过敏感恒星的辐射亮度来确定航天器基准轴与已知恒星视线之间的夹角。由于卫星对恒星的张角极小,故星敏感器是姿态敏感器中测量精度最高(可达秒级)的一类敏感器。随着微纳卫星的发展,对其姿态控制的精度要求越来越高,但传统的星敏感器因质量、功耗方面的原因难以应用在微纳卫星上。考虑到CMOS图像传感器技术的优点,如果能用纳米CMOS成像器件替代CCD,则可能将改进后的星敏感器应用到微纳卫星上,这对微纳卫星姿态控制技术发展大有益处。

◀ **9.3 CIS图像传感器** ▶

除了CCD和CMOS图像传感器外,还有一种常用的图像传感器,叫接触式图像传感器(CIS)。CIS图像传感器被用在扫描仪中,是将感光单元紧密排列,直接收集被扫描稿件反射的光线信息,由于本身造价低廉,又不需要透镜组,所以可以制作出结构更为紧凑的扫描仪,使成本大大降低。但是,由于是接触式扫描(必须与原稿保持很近的距离)只能使用LED光源,分辨率以及色彩表现目前都赶不上CCD感光器件。

扫描仪外形图如图9-11所示。扫描仪内部结构图如图9-12所示。

CIS由LED(发光二极管)光源阵列、微自聚焦棒状透镜阵列、光电传感器阵列及其电路板、保护玻璃、接口、外壳等部分组成。CIS的组成部分都集中于外壳内,结构紧凑,体积小,质量轻,其主要部件生产需要采用微制造工艺完成。当CIS工作时,LED光源阵列发出的光线直射到待扫描物体表面(印刷品等),从其表面反射回的光线经微自聚焦棒状透镜阵列聚焦,成像在光电传感器阵列上(一般是MOS器件),被转化为电荷存储起来。扫描面上不同

图 9-11　扫描仪外形图

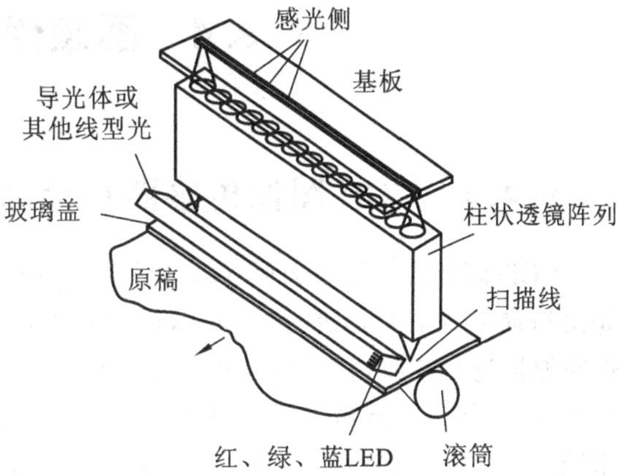

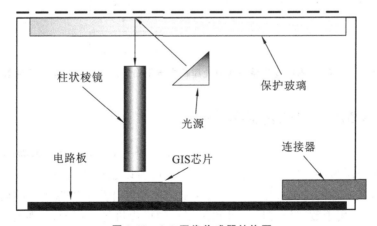

图 9-12　扫描仪内部结构图

部位的光强不同,因而不同位置传感器单元(即 CIS 的像素)接收到的光强不一样。每个读取周期每个像素的光照时间(电荷积蓄时间)是一致的,到积蓄时间后,移位寄存器控制模拟开关依次打开,将像素的电信号以模拟信号的形式依次输出,从而得到模拟图像信号。

　　CIS 图像传感器结构图如图 9-13 所示。CIS 与传统的图像传感器相比,有以下突出的优点。

　　(1) CIS 的光源、传感器、放大器集成为一体,其结构、原理和光路都很简单,具有体积小、质量轻、结构紧凑、便于安装等优点。例如,某种 A4 幅面 CIS 头尺寸为 11 mm×17.5 mm×232 mm,仅重 659 g。

　　(2) CIS 中没有灯管和光学镜头等,因此抗震性能好。

　　(3) CIS 采用的是单时钟驱动/定时逻辑,控制较简单。

　　(4) CIS 从省电状态转入工作状态非常迅速,因此采用 CIS 的扫描仪无须预热。

　　(5) CIS 大多采用陶瓷基底(基板),具有良好的温度特性。

　　(6) 采用半导体制造工艺,生产成本低。

图 9-13　CIS 图像传感器结构图

◀ 9.4 图像传感器的应用 ▶

9.4.1 CCD 图像传感器在数码速印机的应用

CCD 图像传感器是数码速印机光学系统中最重要的器件。数码速印机进行复印时,首先由扫描系统对原稿进行扫描,即通过曝光灯、反射镜片、镜头、CCD 图像传感器等光学元件对原稿进行读取,将光信号转变为电信号,并存储在 CCD 内,在整机的同步脉冲控制下,由 CCD 图像传感器输出的电信号被送到放大器进行放大后,经 A/D 转换、调制,送往制版系统,制版系统根据 CCD 送来的图像信号进行制版,产生与原稿图像相对应的蜡纸版,并通过上版机构将此蜡纸版缠绕在滚筒上,复印系统再根据此蜡纸版进行复印。

在数码电子扫描读取原稿过程中,镜头根据原稿反射过来的光线形成光像,投射到 CCD 图像传感器件的感光区上。由于 CCD 图像传感器各电极下的势阱深度与这条扫描线各点像素的色调相对应,所以就把这条扫描线光像变成 CCD 图像传感器中存储的电荷信息,从而完成了由图像光信息到图像电信息的转变。图像电信息经 A/D 转换电路处理后,送热敏头控制电路,运行制版程序进行制版。CCD 图像传感器在数码速印机中电子扫描读取原稿过程的示意图如图 9-14 所示[①]。

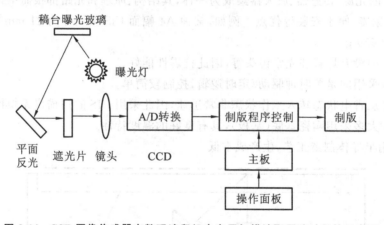

图 9-14　CCD 图像传感器在数码速印机中电子扫描读取原稿过程的示意图

9.4.2 CMOS 图像传感器的应用

CMOS 图像传感器是一种多功能传感器,由于它兼具 CCD 图像传感器的性能,因此可以进入 CCD 的应用领域,但它又有自己独特的特点,所以也有其自身的许多应用领域。目前,CMOS 图像传感器的主要应用是保安监控系统和个人计算机摄像机。除此之外,CMOS 图像传感器还可应用于数字静态摄像机和医用小型摄像机等。例如,心脏外科医生可以在患者胸部安装一个小"硅眼",以便在手术后监视手术效果,CCD 图像传感器就很难实现这

---

① 余凤翎,詹彤.CCD 图像传感器在数码速印机的应用[J].机电工程技术,2010,39(2).

种应用。

在 CMOS 图像传感器中,由于集成了多种功能,使得以往许多无法运用图像技术的地方能够广泛地应用图像技术。例如,带照相机的移动电话,指纹识别系统,嵌入在显示器和膝上型计算机显示器中的摄像机,一次性照相机等。CMOS 图像传感器的应用如图 9-15 所示。

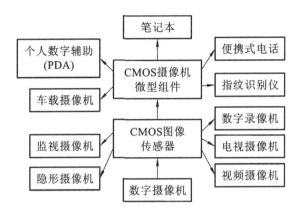

图 9-15 CMOS 图像传感器的应用

本章小结

本章介绍了 CCD 和 CMOS 图像传感器的工作原理、优缺点、技术参数等,主要区分了 CCD 和 CMOS 图像传感器,以便更准确地应用,简单介绍了 CIS 图像传感器的工作原理。

通过本章的学习,应掌握 CCD 和 CMOS 图像传感器的应用场合。

思考与练习

1. 图像传感器主要分为哪三种?
2. CCD 有几个工作过程? 分别是什么?
3. CCD 的电荷注入方法有几种? 分别是什么?
4. CCD 的电荷输出类型有哪几种? 分别是什么?
5. CCD 结构类型按照像素排列方式的不同,可以分为哪两类?
6. CCD 传感器有哪些优点?
7. CMOS 图像传感器里集成了哪些电路?
8. CCD 和 CMOS 的主要参数有哪些?
9. 简述 CCD 图像传感器和 CMOS 图像传感器的区别。
10. 列举 CCD 和 CMOS 图像传感器的几个应用场合。

第 10 章
超声波传感器

超声波传感器是利用超声波的特性研制而成的传感器。超声波是一种振动频率高于 20 kHz 的机械波,由换能晶片在电压的激励下发生振动而产生,它具有频率高、波长短、方向性好、能够成为射线而定向传播等特点。超声波对液体、固体的穿透本领很大,尤其是在不透光的固体中,可穿透几十米的深度。超声波碰到杂质或分界面会产生显著反射形成回波,碰到活动物体会产生多普勒效应。

超声波传感技术应用在生产实践的不同方面,而医学应用是其最主要的应用之一,超声波在医学上的应用主要是诊断疾病,超声波诊断已经成为临床医学中不可缺少的诊断方法。

超声波诊断的优点是,受检者无痛苦、对受检者无损害、方法简便、显像清晰、诊断的准确率高等,因而超声波诊断得到广泛应用,受到医务工作者和患者的欢迎。超声波诊断可以基于不同的医学原理,其中较具代表性的是一种所谓的 A 型方法,这个方法利用的是超声波的反射。当超声波在人体组织中传播遇到两层声阻抗不同的介质界面时,在该界面产生反射回声。每遇到一个反射面,回声在示波器的屏幕上显示出来,而两个界面的阻抗差值决定了回声的振幅的高低。在工业方面,超声波的典型应用是对金属的无损探伤和超声波测厚。

◀ 10.1　超声波及其物理性质 ▶

发声体的振动在空气或其他物质中的传播叫作声波。频率小于 20 Hz 的机械波称为次声波;频率在 20 Hz～20 kHz 范围内的机械波称为声波,这是人耳可以听到的频率;频率大于 20 kHz 的机械波称为超声波。声波频率界限图如图 10-1 所示。

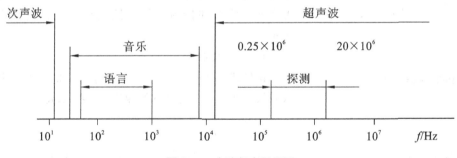

图 10-1　声波频率界限图

超声波具有以下的特性。

(1) 能流密度大。由于能流密度与频率的平方成正比,故超声波的能流密度比一般声波的大得多。

(2) 方向性好。由于超声波的波长短,衍射效应不显著,所以可以近似地认为超声波沿直线传播,即传播的方向性好,容易得到定向而集中的超声波束,能够产生反射、折射,也可以被聚焦。超声波的这一特性称为束射特性。

(3) 穿透力强。超声波的穿透本领大,特别是在液体和固体中传播时,衰减很小。

10.1.1 超声波的波型及其传播速度

当声源在介质中施力方向与波在介质中传播方向不同时,声波的波型也不同,通常有以下三种。

(1) 纵波:是质点振动方向与波的传播方向一致的波。它能在固体、液体和气体介质中传播。

(2) 横波:是质点振动方向垂直于波的传播方向的波。它只能在固体介质中传播。

(3) 表面波:是质点的振动介于横波与纵波之间,沿着介质表面传播,其振幅随深度的增加而迅速衰减的波。表面波只在固体的表面传播。

超声波的传播速度(即声速)与介质密度和弹性特征有关。以水为例,当蒸馏水温度为 0~74 ℃时,声速随温度的升高而增加,74 ℃时达到最大值,大于 74 ℃后,声速随温度的增加而减小。此外,水质、压强等也会引起声速的变化。在固体中,纵波、横波及表面波三者的声速有一定的关系:通常可认为横波声速为纵波声速的一半,表面波声速为横波声速的 90%。气体中纵波声速为 344 m/s,液体中纵波声速为 900~1 900 m/s。

10.1.2 超声波的物理性质

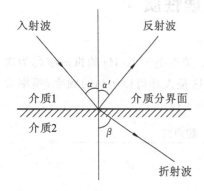

图 10-2 超声波的反射和折射

1. 超声波的反射和折射

声波从一种介质传播到另一种介质,在两个介质的分界面上一部分声波被反射,另一部分声波透射过界面,在另一种介质内部继续传播。这样的两种情况分别称为声波的反射和折射。超声波的反射与折射如图 10-2 所示。

1) 反射定律

由物理学知,入射角 α 与反射角 α' 的正弦之比等于入射波速度 C_1 与反射波的速度 C_2 之比,即

$$\frac{\sin\alpha}{\sin\alpha'}=\frac{C_1}{C_2} \tag{10-1}$$

如果反射波与入射波处于同一种介质中,由于波速相同,反射角等于入射角。

2) 折射定律

当波在界面处产生折射时,入射角 α 的正弦与折射角 β 的正弦之比,等于入射波在第一介质中的波速 C_1 与折射波在第二介质中的波速 C_2 之比,即

$$\frac{\sin\alpha}{\sin\beta}=\frac{C_1}{C_2} \tag{10-2}$$

2. 超声波的衰减

声波在介质中传播时,随着传播距离的增加,能量逐渐衰减,其衰减的程度与声波的扩散、散射及吸收等因素有关。其声压和声强的衰减规律为

$$\left.\begin{array}{l}P_x=P_0\mathrm{e}^{-\alpha x}\\I_x=I_0\mathrm{e}^{-2\alpha x}\end{array}\right\} \tag{10-3}$$

式中:P_0,I_0——距离声源 $x=0$ 处的声压和声强;

θ——衰减系数,单位为奈培/米(Np/m)。

声波在介质中传播时,能量的衰减取决于声波的扩散、散射和吸收。在理想介质中,声波的衰减仅来自于声波的扩散,即随声波传播距离的增加而引起声能的减弱。散射衰减是指固体介质中的颗粒界面或流体介质中的悬浮粒子使声波散射。吸收衰减是由介质的导热性、黏滞性及弹性滞后造成的,介质吸收声能并转换为热能。

10.2 常用的超声波传感器

利用超声波在超声场中的物理特性和各种效应而研制的装置可称为超声波换能器、探测器或传感器。

超声波传感器按其工作原理可分为压电式、磁致伸缩式、电磁式等,而以压电式最为常用。

10.2.1 压电式超声波传感器

压电式超声波传感器常用的材料是压电晶体和压电陶瓷。它是利用压电材料的压电效应来工作的:逆压电效应将高频电振动转换成高频机械振动,从而产生超声波,可作为发射探头(即发送传感器);正压电效应将超声振动波转换成电信号,可作为接收探头(即接收传感器)。

压电式超声波传感器主要由发送传感器(或称波发送器)、接收传感器(或称波接收器)、控制部分与电源部分组成。它是利用压电材料的压电效应来工作的。超声波探头结构图如图 10-3 所示,它主要由压电晶片、吸收块(阻尼块)、保护膜、引线等组成。压电晶片多为圆板形,厚度为 δ。超声波频率 f 与压电晶片厚度 δ 成反比。压电晶片的两面镀有银层,作导电的极板。阻尼块的作用是降低晶片的机械品质,吸收声能量。如果没有阻尼块,当激励的电脉冲信号停止时,压电晶片将会继续振荡,加长超声波的脉冲宽度,使分辨率变差。

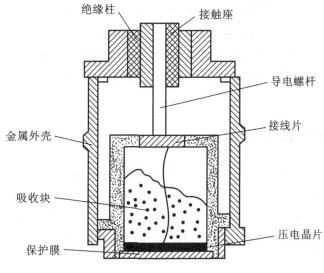

图 10-3 超声波探头结构图

10.2.2 磁致伸缩式超声波传感器

磁致伸缩式超声波传感器是利用铁磁材料的磁致伸缩效应原理来工作的。

磁致伸缩式超声波发生器的工作原理是,把铁磁材料置于交变磁场中,使它产生机械尺寸的交替变化即机械振动,从而产生出超声波。

磁致伸缩式超声波接收器的工作原理是:当超声波作用在磁致伸缩材料上时,引起材料伸缩,从而导致它的内部磁场(即导磁特性)发生改变。根据电磁感应,磁致伸缩材料上所绕的线圈便产生感应电动势。此感应电动势被送到测量电路,最后记录或显示出来。

◀ 10.3 超声波传感器技术应用 ▶

超声波对液体、固体的穿透本领很大,尤其是在不透明的固体中,它可穿透几十米的深度。超声波碰到杂质或分界面会产生显著反射形成回波,碰到活动物体能产生多普勒效应。超声波传感器利用声波介质对被检测物进行非接触式无磨损的检测,因此超声波检测广泛应用在工业、国防、生物医学等方面。超声波距离传感器可以广泛应用在物位(液位)监测、机器人防撞、各种超声波接近开关,以及防盗报警等场合。它工作可靠,安装方便,防水,发射夹角较小,灵敏度高,方便与工业显示仪表连接,提供发射夹角较大的探头。

10.3.1 超声波传感器在医学中的应用

超声波传感技术应用在生产实践的不同方面,而医学应用是其最主要的应用之一。超声波在医学上的应用主要是诊断疾病,超声波诊断已经成为临床医学中不可缺少的诊断方法。超声波诊断的优点是:受检者无痛苦、对受检者无损害、方法简便、显像清晰、诊断的准确率高等。也因此,超声波诊断受到医务工作者和患者的欢迎。当超声波在人体组织中传播遇到两层声阻抗不同的介质界面时,在该界面就产生反射回声。每遇到一个界面,回声在示波器的屏幕上显示出来,而两个界面的阻抗差值也决定了回声的振幅的高低。在医学上,目前已广泛应用的 B 超就是根据超声波在人体组织中的反射情况来了解人体内脏器官的情况的。根据 B 超图像,不仅可以观察内脏器官是否变形、肿大等静态状况,还能观察一些动态过程,如心脏的搏动情况等。

10.3.2 超声波无损探伤

在工业方面,超声波的典型应用有对金属的无损探伤和超声波测厚两种。过去,许多技术因为无法探测到物体组织内部而受到阻碍,超声波传感技术的出现改变了这种状况。当然更多的超声波传感器是固定地安装在不同的装置上,"悄无声息"地探测人们所需要的信号。在未来的应用中,超声波将与信息技术、新材料技术结合起来,将出现更多的智能化、高灵敏度的超声波传感器。

超声波无损探伤有穿透法探伤和反射法探伤两种方法。

1. 穿透法探伤

穿透法探伤根据超声波穿透工件后能量的变化情况来判断工件内部质量。其工作原理如图 10-4 所示。

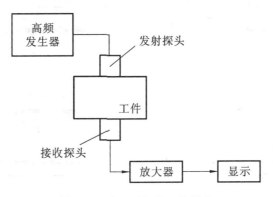

图 10-4 穿透法探伤工作原理

穿透法探伤的优点有以下两个。

(1) 指示简单,适用于自动探伤。

(2) 可避免盲区,适宜探测薄板。

穿透法探伤的缺点有以下几个。

(1) 探测灵敏度较低,不能发现小缺陷。

(2) 根据能量的变化可判断有无缺陷,但不能定位。

(3) 对两探头的相对位置要求较高。

2. 反射法探伤

反射法探伤根据超声波在工件中反射情况的不同来探测工件内部是否有缺陷。它又分为一次脉冲反射法探伤和多次脉冲反射法探伤两种。

10.3.3 超声波物位传感器

超声波物位传感器是利用超声波在两种介质的分界面上的反射特性而制成的。如果从发射超声脉冲开始,到接收换能器接收到反射波为止的这个时间间隔为已知,就可以求出分界面的位置,利用这种方法可以对物位进行测量。

根据发射和接收换能器的功能,超声波物位传感器又可分为单换能器型和双换能器型。

图 10-5 给出了几种超声波物位传感器的结构示意图。超声波发射和接收换能器可设置在液体介质中,让超声波在液体介质中传播,如图 10-5(a)所示。由于超声波在液体中衰减比较小,所以即使发射的超声脉冲幅度较小也可以传播。超声波发射和接收换能器也可以安装在液面的上方,让超声波在空气中传播,如图 10-5(b)所示。这种方式便于安装和维修,但超声波在空气中的衰减比较厉害。

对于单换能器型来说(见图 10-5(a)左图和(b)左图),超声波从发射器到液面,又从液面反射到换能器的时间为

$$t = \frac{2h}{c} \tag{10-4}$$

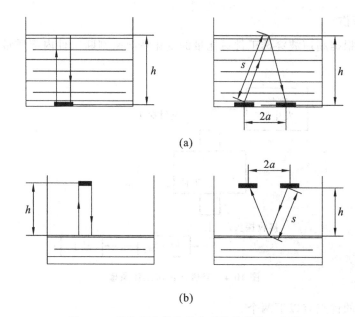

(a)

(b)

图 10-5　几种超声波物位传感器的结构示意图

式中：h——换能器距液面的距离；

　　　c——超声波在介质中传播的速度。

则
$$h = \frac{ct}{2} \tag{10-5}$$

对于双换能器型来说（见图 10-5(a)右图和(b)右图），超声波从发射到接收经过的路程为 $2s$，而

$$s = \frac{ct}{2} \tag{10-6}$$

式中：s——超声波从反射点到换能器的距离。

因此物位高度为

$$h = \sqrt{s^2 - a^2} \tag{10-7}$$

式中：a——两换能器间距的一半。

从式(10-4)、式(10-5)、式(10-6)、式(10-7)中可以看出，只要测得超声波脉冲从发射到接收的时间间隔，便可以求得待测的物位。

超声波测量方法有很多其他方法不可比拟的优点。

(1) 不需要任何机械传动部件，也不接触被测液体，属于非接触式测量，不怕电磁干扰，不怕酸碱等强腐蚀性液体等，因此性能稳定、可靠性高、寿命长。

(2) 其响应时间短，可以方便地实现无滞后的实时测量。

超声波物位传感器不仅可以对液体高度进行测量，还可以对透明或有色物体、金属或非金属物体、固体、液体、粉状物质进行检测。其检测性能几乎不受任何环境条件的影响，包括烟尘环境和雨天。但是气流的变化将会影响声速（最高为 10 m/s 的气流速度造成的影响是微不足道的）。在空气涡流现象比较普遍的条件下，例如对于灼热的金属而言，建议不要采用超声波物位传感器进行检测，因为对失真变形的声波的回声进行计算是非常困难的。

10.3.3　超声波传感器在汽车中的应用

超声波传感器在汽车中主要用于倒车提醒,使得驾驶员可以安全地倒车。其原理是,利用超声波探测倒车路径上或附近存在的任何障碍物,并及时发出警告。超声波测距虽然目前在测距量程上能达到百米,但测量的精度往往只能达到厘米数量级。

超声波传感器在倒车中的应用如图 10-6 所示。

图 10-6　超声波传感器在倒车中的应用

10.3.4　超声波流量传感器

超声波流量传感器的测定方法是多样的,如超声波传播时间差法、超声波传播速度变化法、波速移动法、多普勒效应法、流动听声法等。目前应用较广的主要是超声波传播时间差法。超声波在流体中传播时,在静止流体和流动流体中的传播速度是不同的,利用这一特点可以求出流体的速度,再根据管道流体的截面积,便可知道流体的流量。

如果在流体中设置两个超声波传感器,如图 10-7 所示,则既可以发射超声波又可以接收超声波。一个超声波传感器装在上游,另一个超声波传感器装在下游,其距离为 L,若设超声波顺流方向的传播时间为 t_1,逆流方向的传播时间为 t_2,流体静止时的超声波传播速度为 c,流体流动速度为 v,则

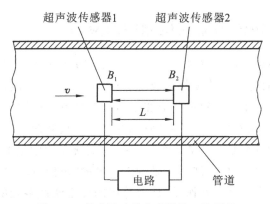

图 10-7　超声波流量传感器的工作原理

$$t_1 = \frac{L}{c+v} \tag{10-8}$$

$$t_2 = \frac{L}{c-v} \tag{10-9}$$

因此超声波传播时间差为

$$\Delta t = t_2 - t_1 = \frac{2Lv}{c^2 - v^2} \tag{10-10}$$

一般来说,流体的流速远小于超声波在流体中的传播速度,即 $c \gg v$,从上式便可得到流体的流速,即

$$v = \frac{c^2}{2L} \Delta t \tag{10-11}$$

超声波流量传感器具有不阻碍流体流动的特点,可测的流体种类很多,不论是非导电的流体、高黏度的流体,还是浆状流体,只要是能传输超声波的流体,都可以用超声波流量传感器进行测量。超声波流量传感器可用来对自来水、工业用水、农业用水等进行测量,还适用于下水道、农业灌渠、河流等的流速测量。

10.3.5　超声波传感器在加工处理中的应用

超声波在液体中会引起空化作用。这是因为超声波的频率高、功率大,可引起液体的疏密变化,使液体时而受压、时而受拉。由于液体承受拉力的能力是很差的,所以在较强的拉力作用下,液体就会断裂(特别在有杂质或气泡的地方),产生一些近似真空的小空穴。在液体压缩过程中,空穴内的压力会达到大气压强的几万倍,空穴被压发生崩溃,伴随着压力的巨大突变,会产生局部高温。此外,在小空穴形成的过程中,由于摩擦产生正、负电荷,还会引起放电发光等现象。超声波的这种作用,叫空化作用。利用它能把水银捣碎成小粒子,使其和水均匀地混合在一起成为乳浊液;在医药上可用以捣碎药物制成各种药剂;在食品工业上可用以制成许许多多的调味汁;在建筑业上则可用以制成水泥乳浊液等。超声波的高频强烈振荡还可用来清洁空气,清洗洗涤毛织品上的油腻、蒸汽锅炉中的水垢和钟表轴承以及精密复杂金属部件的污物等。利用超声波的能量大而集中的特点,在工业上则可以用来切割、钻孔,以及制成超声波烙铁,用以焊接铝质物件等。

10.3.6　超声波传感器在检测中的应用

利用超声波的定向反射特性,可以探测鱼群、测量海洋深度、研究海底的起伏等。由于海水有良好的导电性,对电磁波的吸收很强,因而无法使用电磁雷达,而利用声波雷达即声呐可以探测潜艇的方位和距离。超声波能在不透明的材料中传播,所以还可以用于超声探伤,在工业上用以检查金属零件内部的缺陷(如砂眼、气泡、裂缝等)。利用超声波在介质中传播的声学量与介质的各种非声学量之间的关系,通过测量声学量的方法,可间接测量其他物理量。声与光相结合,可将超声波所记录的看不见的"声像"或"声全息图"转化为可见的"光像"或"光全息图"。声全息术在医学、地质等中的应用使许多光所不能及的问题得到了解决。在微观领域,利用频率接近于点阵热振动频率的特超声(量子化声能或称声子),可研究原子间的相互作用、能量传递等问题。

10.3.7 超声波传感器在电子技术方面的应用

由于超声波的频率与一般无线电波的频率相近,且声信号又很容易转换成电信号,因此可以利用超声元件代替电子元件制作振荡器、谐振器、带通滤波器等仪器,可广泛用于电视、通信、雷达等方面。用声波代替电磁波的优越之处在于,声波在介质中的传播速度比电磁波的传播速度大约要小五个数量级。例如用超声波延迟时间就比用电磁波延迟时间方便得多。

10.3.8 超声波传感器用于高效清洗

当弱的声波信号作用于液体中时,会对液体产生一定的负压,使液体体积增加,液体中分子空隙加大,形成许多微小的气泡;而当强的声波信号作用于液体时,则会对液体产生一定的正压,使液体体积被压缩减小,液体中形成的微小气泡被压碎。经研究证明,超声波作用于液体中时,液体中每个气泡的破裂会产生能量极大的冲击波,相当于瞬间产生几百摄氏度的高温和高达上千个大气压的压力,这种现象被称为空化作用。超声波清洗正是利用液体中气泡破裂所产生的冲击波来达到清洗和冲刷工件内外表面的作用的。超声波清洗多用于半导体、机械、玻璃、医疗仪器等行业。

本章小结

超声波传感器是利用超声波的物理特性和各种效应而制成的装置。超声波传感器可以实现声能和电能的互换。以超声波作为检测技术手段,必须产生超声波和接收超声波。超声波传感器按其工作原理,可分为压电式、磁致伸缩式、电磁式等。其中,压电式超声波传感器应用最为广泛,其主要应用有超声波测物位、超声波测厚度、超声波测流量、超声波探伤、超声波诊疗等。

思考与练习

1. 超声波在介质中传播具有哪些特性?
2. 超声波传感器主要有哪几种类型?试述其工作原理。
3. 超声波测物位有几种测量方法?
4. 超声波测流量有哪些方法?各有何特点?

第 11 章
红外传感器

◀ 11.1 红外辐射的基本知识 ▶

11.1.1 红外辐射

1666 年,英国物理学家牛顿发现,太阳光经过三棱镜后分裂成彩色光带——红、橙、黄、绿、靛、蓝、紫。1800 年,英国天文学家赫歇耳在用水银温度计研究太阳光谱的热效应时,发现热效应最显著的部位不在彩色光带内,而在红光之外。因此,他认为在红光之外存在一种不可见光。后来的实验证明,这种不可见光与可见光具有相同的物理性质,遵守相同的规律,所不同的只是一个物理参数——波长。这种不可见光称为红外辐射,又称红外光、红外线。

红外线是一种电磁波。位于可见光红光外端,在光谱中波长在 0.76 微米至 400 微米的频谱范围之内,相对应的频率大致在 $4 \times 10^{14} \sim 3 \times 10^{11}$ Hz 的一段称为红外线。红外线是位于可见光中红色光以外的光线。红外线是不可见光线。一个炽热物体向外辐射的能量大部分是通过红外线辐射出来的。物体的温度越高,辐射出来的红外线越多,辐射能量越强。所有高于绝对零度(约 -273.15 ℃)的物质都可以产生红外线,只是常温物体的辐射峰值不处于人类视觉范围内,而处于红外波段,因而人眼不能看到常温物体的自身辐射。红外传感器是一种以红外线为介质来完成测量功能的传感器,具有响应速度快等许多优点,现已在工农业、国防、科技等许多领域得到广泛应用。

红外技术中,一般将红外辐射分为 4 个区域:波长为 0.76~3 微米为近红外区;波长为 3~6 微米为中红外区;波长为 6~20 微米为中远红外区;波长为 20~100 微米为远红外区。电磁波谱与红外波段划分如图 11-1 所示。

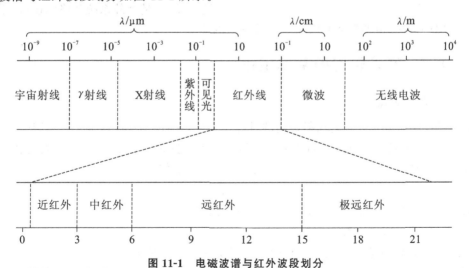

图 11-1 电磁波谱与红外波段划分

与其他探测技术相比,红外探测技术主要有如下优点。

(1) 环境适应性好,在夜间和恶劣气象条件下的工作能力优于可见光。

(2) 被动式工作,隐蔽性好,不易被干扰。

（3）靠目标和背景之间各部分的温度和发射率形成的红外辐射差进行探测，因而识别伪装目标的能力优于可见光。

（4）红外系统的体积小、质量轻、功耗低。

红外传感器是传感器按原理不同进行分类中的一种。它又可根据某些条件的不同进行进一步的分类：根据红外线对射管的驱动方式不同可分为电平型和脉冲型；根据探测原理的不同可分为光子探测器（探测原理基于光电效应）和热探测器（探测原理基于热效应）；根据功能的不同可分为辐射计、搜索跟踪系统、热成像系统、红外测距通信系统和混合系统五大类；等等。

红外系统的基本部件及其作用如下。

（1）待测目标：根据红外辐射特性来对红外系统进行设定。

（2）大气衰减：待测物的红外辐射通过大气层时会受到多种物质的影响而发生衰减现象。

（3）光学接收器：是用于接收部分红外辐射并将其传输至红外传感器。

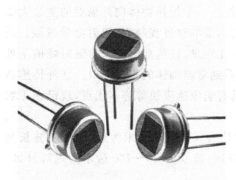

图 11-2　红外探测器外观图

（4）辐射调制器：又称为调制盘或斩波器，用于将红外辐射调制成交变的形式以提供待测物的方位信息，并滤除干扰信号。

（5）红外探测器：是红外系统的核心，用于探测红外辐射。

红外探测器外观图如图 11-2 所示。

（6）探测器制冷器：用于给系统制冷，以提高工作效率。

（7）信号处理系统：对信号进行放大、滤波等处理，以提取所需信息并将有效信息输送至显示设备。

（8）显示设备：是红外系统的终端设备，用于有效信息的显示。

11.1.2　红外辐射的基本定律

1. 基尔霍夫定律

1860 年，基尔霍夫在研究辐射传输的过程中发现，在任一给定的温度下，对某一波长来说，物体对辐射的吸收本领和发射本领的比值与物体本身的性质无关，对于一切物体都是恒量。用一句精练的话表达，即"好的吸收体也是好的辐射体"。

$$E_R = \alpha E_0 \tag{11-1}$$

式中：E_R——物体在单位面积和单位时间内发射出的辐射能；

α——物体的吸收系数；

E_0——常数，其值等于黑体在相同条件下发射出的辐射能。

黑体是能全部吸收投射到其表面的红外辐射的物体，是在任何温度下全部吸收任何波长辐射的物体，其吸收本领与波长和温度无关，即 $\alpha=1$。加热后，黑体发射热辐射比任何物体都大。

镜体是指能全部反射红外辐射的物体。

透明体是指能全部透过红外辐射的物体。

灰体是指能部分反射或吸收红外辐射的物体。

2. 斯特藩-玻尔兹曼定律

物体温度越高,发射的红外辐射能越多,在单位时间内其单位面积辐射的总能量 E 为

$$E = \sigma \varepsilon T^4 \tag{11-2}$$

式中:T——物体的绝对温度(K);

σ——斯特藩-玻耳兹曼常数,$\sigma = 5.67 \times 10^{-8} \ \mathrm{W/(m^2 \cdot K^4)}$;

ε——比辐射率,对于黑体,$\varepsilon = 1$。

3. 普朗克定律

绝对温度为 T 时,在单位波长内黑体单位面积沿半球方向所辐射的能量称为黑体的光谱辐射通量密度。不同温度下,黑体光谱辐射通量密度与波长的关系为

$$M_\lambda = C_1 \lambda^{-5} (\mathrm{e}^{\frac{C_2}{\lambda T}} - 1) \tag{11-3}$$

式中:M_λ——黑体对波长为 λ 的光谱辐射通量密度;

C_1、C_2——普朗克辐射常数。

4. 维恩位移定律

红外辐射的电磁波中,包含着各种波长,其峰值辐射波长 λ_m 与物体自身的绝对温度 T 成反比,即

$$\lambda_m = \frac{b}{T} \tag{11-4}$$

式中,$b = 2.897 \times 10^{-3} \ \mathrm{m \cdot K}$。

从式(11-4)可以看出,物体温度越高,辐射波长越短。

◀ 11.2 红外探测器 ▶

红外传感器是利用红外辐射实现相关物理量测量的一种传感器。红外传感器的构成比较简单,它一般由光学系统、红外探测器、信号调节电路和显示单元等几部分组成。其中,红外探测器是红外传感器的核心器件。

红外探测器是将入射的红外辐射信号转变成电信号输出的器件。红外辐射是波长介于可见光与微波之间的电磁波,人眼察觉不到。要想察觉这种辐射的存在并测量其强弱,必须把它转变成可以察觉和测量的其他物理量。一般来说,红外辐射照射物体所引起的任何效应,只要效果可以测量而且足够灵敏,均可用来衡量红外辐射的强弱。现代红外探测器所利用的主要是红外热效应和光电效应。这两个效应的输出大多是电量,或者可用适当的方法转变成电量。红外探测器种类很多,按探测机理的不同,它通常可分为热探测器和光子探测器两大类。

11.2.1 热探测器

热探测器的探测原理基于热效应,待测物体受到辐射便会引起温度的升高从而影响待测物体的性能变化,因而可以利用辐射来进行待测物电量或非电量变化的检测。最常见的

热探测器是热敏电阻型探测器,热敏电阻受到红外线辐射时温度升高,电阻发生变化,通过转换电路变成电信号输出。

红外线被物体吸收后将转变为热能。热探测器正是利用了红外辐射的这一热效应。当热探测器的敏感元件吸收红外辐射后将引起温度升高,敏感元件的相关物理参数发生变化,通过对这些物理参数及其变化的测量就可确定热探测器所吸收的红外辐射。

热探测器的主要优点是:响应波段宽,响应范围为整个红外区域,室温下工作,使用方便。热探测器主要有热电偶型、热释电型、热敏电阻型和高莱气动型 4 种类型。在这 4 种类型的探测器中,热释电型探测器探测效率最高,频率响应最宽,所以这种传感器发展得比较快,应用范围最广。

1. 热电偶型探测器

热电偶型探测器的工作原理与一般热电偶类似,也是基于热电效应。所不同的是它对红外辐射敏感。它由热电功率差别较大的两种材料构成闭合回路,回路存在两个接点,一个称为冷接点,另一个称为热接点。当红外辐射照射到热接点时,该点温度升高,而冷接点温度保持不变,此时,热电偶回路中产生热电势,热电势的大小反映热接点吸收红外辐射的强弱。

在实际应用中,为提高输出灵敏度,往往将几个热电偶串联起来组成热电堆来检测红外辐射的强弱。

2. 热释电型探测器

热释电型探测器的测量原理是基于热释电效应。热释电效应与压电效应类似。热释电效应是晶体的一种自然物理效应。对于具有自发式极化性质的晶体,当晶体受热或冷却时,由于温度的变化而导致自发式极化强度变化,从而在晶体某一定方向产生表面极化电荷,这一现象称为热释电效应。

在外加电场作用下,电介质中的带电粒子(电子、原子核等)将受到电场力的作用,总体上讲,正电荷趋向于阴极、负电荷趋向于阳极,结果使电介质的一个表面带正电、相对的表面带负电,这种现象被称为电介质的"电极化"。

热释电型探测器的构造是把敏感元件切成薄片,研磨成 $5\sim50~\mu m$ 的极薄片后,把元件的两个表面做成电极(类似于电容器的构造)。为了保证晶体对红外线的吸收,有时也用黑化以后的晶体或在透明电极表面涂上黑色膜。当红外光照射到已经极化了的铁电薄片上时,引起薄片温度的升高,使其极化强度降低,表面的电荷减少,这相当于释放一部分电荷。

热释电型探测器的响应速度比其他热探测器快得多。它不但可以工作于低频,而且能工作于高频,因而热释电型探测器不仅具有可在室温下工作、光谱响应宽等热探测器的共同优点,而且是探测率最高、频率响应最宽的热探测器。热释电型探测器不仅应用于光谱仪、红外测温仪、热像仪和红外摄像管等,而且在快速激光脉冲监测和红外遥感技术中也得到了实际应用。

注意:

热释电材料只有在温度变化的过程中才发生热释电效应,温度一旦稳定,热释电效应就消失。所以,当对静止物体成像时,必须对物体的辐射进行调制。对于运动物体,可在无调制的情况下成像。

3. 热敏电阻型探测器

热敏电阻一般制成薄片状,它是由锰、镍、钴的氧化物混合后烧结而成的。当红外辐射照射到热敏电阻上时,其温度升高,引起阻值变化,测量热敏电阻阻值变化的大小,即可知入射的红外辐射的强弱,从而可以判断出产生红外辐射物体的温度。

11.2.2 光子探测器

光子探测器型红外传感器是利用光子效应进行工作的传感器。所谓光子效应,是指当有红外线入射到某些半导体材料上时,红外辐射中的光子流与半导体材料中的电子相互作用,改变了电子的能量状态,引起各种电学现象。通过测量半导体材料中电子性质的变化,可以知道红外辐射的强弱。光子探测器主要有内光电探测器和外光电探测器两种,外光电探测器又分为光电导、光生伏特和光磁电探测器三种类型。

光子探测器的主要特点是,灵敏度高,响应速度快,具有较高的响应频率,探测波段较窄,一般工作于低温条件下。

光子探测器和热探测器的主要区别是:光子探测器在吸收红外能量后,直接产生电效应;热探测器在吸收红外能量后,产生温度变化,从而产生电效应,温度变化引起的电效应与材料特性有关。

光子探测器非常灵敏,其灵敏度与本身温度有关。要保持高灵敏度,就必须将光子探测器冷却至较低的温度。通常采用的冷却剂为液氮。热探测器一般没有光子探测器那么高的灵敏度,但在室温下也有足够好的性能,因此不需要低温冷却,而且热探测器的响应频段宽,响应范围可扩展到整个红外区域。

根据光子探测器的类型不同,光子探测器型红外传感器可分为以下四种。

1. 外光电传感器

当光辐射照在某些材料的表面上时,若入射光的光子能量足够大,就能使材料的电子逸出表面,向外发射出电子,这种现象叫外光电效应或光电子发射效应。光电二极管、光电倍增管等便属于这种类型的电子器件。外光电传感器的响应速度比较快,一般只需几毫微秒。

电子逸出需要较大的光子能量,外光电传感器只适宜于近红外辐射或可见光范围内使用。

2. 光电导传感器

当红外辐射照射在某些半导体材料表面上时,半导体材料中有些电子和空穴可以从原来不导电的束缚状态变为能导电的自由状态,使半导体的导电率增加,这种现象叫光电导现象。利用光电导现象制成的红外传感器称为光电导传感器,如硫化铅(PbS)、硒化铅(PbSe)等材料都可制造光电导传感器。

使用光电导传感器时,需要制冷和加上一定的偏压,否则响应率降低、噪声大、响应波段窄,以致使红外传感器损坏。

3. 光生伏特传感器

当红外辐射照射在某些半导体材料的 PN 结上时,在结内电场的作用下,自由电子移向 N 区,空穴移向 P 区,如果 PN 结开路,则在 PN 结两端产生一个附加电势,称为光生电动势,这种现象称为光生伏特效应。利用这个效应制成的红外传感器称为光生伏特传感器或 PN 结传感器。

4. 光磁电传感器

当红外辐射照射在某些半导体材料的表面上时，材料表面的电子和空穴将向内部扩散，在扩散中若受强磁场的作用，电子与空穴则各偏向一边，因而产生开路电压，这种现象称为光磁电效应。利用此效应制成的红外传感器叫作光磁电传感器。

光磁电传感器不需要制冷，响应波段可达 $7~\mu m$ 左右，时间常数小，响应速度快，不用加偏压，内阻极低，噪声小，具有良好的稳定性和可靠性，但其灵敏度低，低噪声前置放大器制作困难，影响了使用。

◀ 11.3　红外传感器的应用 ▶

早在两千多年前，古希腊医生西波克拉底便发现人体发出的热能可用于诊断疾病。他在患者身上涂上一层泥，泥土干裂部分的人体内部就有炎症，这是最早将体表皮温用于诊断疾病的记载。自 1880 年发现红外线之后，人们就研究将其应用于各个科技领域，由于技术上的问题尚未解决，所以红外线未广泛应用。红外热像仪，军事上称为红外夜视仪，在 20 世纪三十、四十年代因军事应用而发展，它可在黑夜或浓厚的烟雾、云雾、高空中探测对方的目标，包括已伪装的目标和高速运动的目标，可观察 1 公里（1 公里＝1 千米）或更远距离的目标。1956 年，美国国防部才允许将其应用于民用。其后红外热像仪开始用于冶金、电子、电力、气象、石化、建筑、陶瓷、印刷、邮电等行业和科研中，用在通过热分布图进行故障和隐患检测、质量控制、节约能源等方面。1956 年美国人 Lawson 始将红外热像技术应用于乳腺癌的诊断，1961 年英国医生 Williams 拍摄了世界上第一张乳腺癌热图，开创了红外热像诊断的新纪元。自 1957 年以来，美国、英国、瑞典、德国、法国、荷兰等国先后开展了红外热像技术研究。经过广泛、深入的发展，医用热像技术广泛用于临床诊断，成为影像诊断的八大技术之一。

1. 红外搜索和跟踪系统

红外搜索与跟踪系统用于搜索和跟踪红外目标，确定其空间位置，并对其运动进行跟踪。现代作战飞机的主要探测系统是机载火控雷达，机载火控雷达具有可以全天候工作、探测距离远、可以多目标跟踪与攻击等优点，但其需要主动发射电波，在电子战日益激烈的现代空战中容易暴露自己，同时系统体积和质量都偏大，特别是隐身飞机的出现，也让雷达的实际探测效果大打折扣，因此作战飞机需要新的探测手段，以作为雷达的补充，所以机载红外搜索与跟踪系统（IRST）就出现了，从该系统的名称就可以看出其是采用红外探测原理，利用目标与背影的温差来探测目标，与机载火控雷达相比，机载 IRST 最大的优点就是不需要主动发射电波，隐蔽性强，抗电磁干扰能力好，特别是在对抗隐身飞机时有巨大的优势，因为当隐身飞机飞行时其机身蒙皮会与空气摩擦生热，速度越快，温度越高，机载 IRST 能够在夜间和能见度较差的情况下搜索到目标，而且是被动探测，具有隐蔽性好和抗电子干扰性强等优点。当雷达处于盲区、被干扰或出现故障时，机载 IRST 可辅助或替代雷达工作，能对低空、超低空目标进行预警，确定目标的坐标并进行跟踪，能与武器系统对接，引导、瞄准或直接伺服控制。机载 IRST 以其探测距离远，工作波长短，系统功耗低，抗电子干扰能力强，体积和质量较小，可靠性较高，成本低，成为各国重点发展的一项探测技术。

国产歼-11B 型战斗机座舱前圆形物即为机载红外搜索与跟踪系统,如图 11-3 所示。

2. 热成像系统

红外热成像仪(见图 11-4)利用红外探测器、光学成像物镜和光机扫描系统(目前先进的焦平面技术则省去了光机扫描系统)接收被测目标的红外辐射的能量分布并将其反映到红外探测器的光敏元上,在光学系统和红外探测器之间,有一个光机扫描机构对被测物体的红外热像进行扫描,并聚焦在单元或分光探测器上,由探测器将红外辐射能转换成电信号,经放大处理、转换成标准视频信号,通过电视屏或监测器显示红外热像图。这种热像图与物体表面的热分布场相对应。通俗地讲,红外热成像仪就是将物体发出的不可见红外能量转变为可见的热图像。热图像上面的不同颜色代表被测物体的不同温度,形成整个目标的红外辐射分布图像。

图 11-3　国产歼-11B 型战斗机中的机载 IRST

图 11-4　红外热像仪

红外热像仪的构成包括五大部分:红外镜头,用以接收和汇聚被测物体发射的红外辐射;红外探测器组件,用以将热辐射型号变成电信号;电子组件,用以对电信号进行处理;显示组件,用以将电信号转变成可见光图像;软件,用以处理采集到的温度数据,将其转换成温度读数和图像。

红外热像仪的光路图如图 11-5 所示。

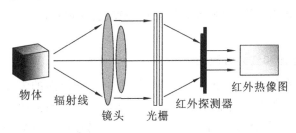

物体　辐射线　镜头　光栅　红外探测器　红外热像图

图 11-5　红外热像仪的光路图

红外热像技术的优点有以下七个。

(1) 红外热像技术是一种被动式的非接触的检测与识别技术,隐蔽性好,不容易被发现,从而使红外热像仪的操作更安全、更有效。

(2) 红外热像技术不受电磁干扰,采用先进热像技术的红外搜索与跟踪系统,能远距离精确跟踪热目标,并可同时跟踪多个目标,使武器发挥最佳效能。

（3）红外热像技术可精确制导,使制导武器具有较高的智能性,并可寻找最重要的目标予以摧毁,从而大幅度提高了弹药的命中精度,使其作战威力成几十倍地提高。

（4）红外热像技术的探测能力强,可在敌方防卫武器射程之外实施观察,其作用距离远,在20 km高的侦察机上可发现地面的人群和行驶的车辆,并可分析海水温度的变化而探测到水下潜艇。

（5）红外热像技术可采用多种显示方式,对视频信号进行假彩色处理,可用不同颜色显示不同温度的热图像,若对视频信号进行模/数转换处理,即可用数字显示物体各点的温度值等,从而看清人眼原来看不见的东西。

（6）红外热像技术能直观地显示物体表面的温度场,由于红外热像仪是探测目标物体的红外热辐射能量的大小,从而不像微光像增强仪那样处于强光环境中时会出现光晕,因此不受强光影响。

（7）红外辐射是自然界中存在最为广泛的辐射,大气、烟云等可吸收可见光和近红外线,但是却不能吸收 $3\sim5~\mu m$ 和 $8\sim14~\mu m$ 的红外线,这两个波段被称为红外线的"大气窗口"。因此,利用这两个窗口,可以在完全无光的夜晚,或是在雨、雪等烟云密布的恶劣环境,清晰地观察到所需监控的目标。正是由于这个特点,红外热像技术能真正做到24 h全天候监控。

红外热像技术的缺点有以下三个。

（1）由于红外热像仪靠温差成像,而一般目标温差都不大,因此红外热图像对比度低,分辨细节能力差。

（2）由于红外热像仪靠温差成像,而像窗户玻璃这种透明的障碍物,使红外热像仪探测不到其后物体的温差,因而不能透过透明的障碍物看清目标。

（3）红外热像仪成本高、价格贵。

红外热像仪行业是一个发展前景非常广阔的新兴高科技产业。红外热像仪分为军用和民用两大类。军用领域的红外热像系统是红外技术最早的应用领域,产品以制冷型红外热像仪为主,对探测器的性能要求很高,价格也相对昂贵。民用领域的红外热像系统主要用于预防检测、消防、安防、汽车夜视、法律监督等多个领域。此外,红外热像仪在医疗、治安、消防、考古、交通、农业和地质等许多领域均有重要的应用,如用于建筑物漏热查寻、森林探火、火源寻找、海上救护、矿石断裂判别、导弹发动机检查、公安侦察以及各种材料和制品的无损检查等。

3. 红外测距传感器和红外线测距仪

红外测距传感器利用红外信号遇到障碍物距离的不同反射的强度也不同的原理,进行障碍物远近的检测。红外测距传感器具有一对红外信号发射与接收二极管,发射管发射特定频率的红外信号,接收管接收这种频率的红外信号,当在检测方向遇到障碍物时,红外信号反射回来被接收管接收,经过处理之后,通过数字式传感器接口返回到中央处理器主机,中央处理器即可利用返回来的红外信号来识别周围环境的变化。

利用红外测量距离需要注意:金属对红外辐射衰减非常大,一般金属基本不能透过红外线;气体对红外辐射有不同程度的吸收;介质不均匀、晶体材料不纯洁、有杂质或悬浮小颗粒等都会引起红外辐射的散射。

> **注意:**
>
> 红外测距原理和雷达测距原理相似,是发射红外线然后测量回波时间,光速乘以时间再除以2就得到距离,实现物体间距离的测量。

红外线测距仪广泛用于测量地形,测量战场,测量坦克、飞机、舰艇和火炮与目标之间的距离,测量云层、飞机、导弹以及人造卫星的高度等。它是提高坦克、飞机、舰艇和火炮精度的重要技术装备。由于激光红外线测距仪价格不断下调,工业上也逐渐开始使用激光红外线测距仪。激光红外线测距仪可以广泛应用于工业测控、矿山、港口等领域。

4. 红外通信系统

红外线通信是无线通信的一种方式。红外智能节电开关是基于红外线技术的自动控制产品,当有人进入感应范围时,专用传感器探测到人体红外光谱的变化,自动接通负载,人不离开感应范围,负载将持续接通;人离开感应范围后,延时自动关闭负载。

5. 火焰传感器

在生产、加工、储存、使用和运输各种可燃物质的部门,如飞机停机库、大型油气罐区等部门,都需要配备性能可靠、反应灵敏的火焰探测器。众所周知,若能在火苗刚刚燃起时,火焰探测器就能立即探测到"小火",人们便能尽快采取灭火措施,从而避免或减少损失。

火焰传感器利用红外线对火焰非常敏感的特点,使用特制的红外线接收管来检测火焰,然后把火焰的亮度转化为高低变化的电平信号,输入到中央处理器中,中央处理器根据信号的变化做出相应的程序处理,实现在物体表面温度过高时切断电源,或使灭火机器人开始工作,因此这种红外探测器有广阔的应用前景。

火焰传感器能够探测到波长在700纳米~1 000纳米范围内的红外光,探测角度为60°,其中红外光波长在880纳米附近时其灵敏度达到最大。

远红外火焰探头将外界红外光的强弱变化转化为电流的变化,通过A/D转换器反映为0~255范围内数值的变化。外界红外光越强,数值越小;外界红外光越弱,数值越大。

6. 红外测温仪,红外辐射温度计

随着科学技术的发展,温度测量越来越受重视,而且对测量准确度的要求越来越高,在某些场合,温度测量问题成为关键问题。例如:在工业生产领域,热处理加热工艺中工件的温度测量和控制;高速轧制钢材的温度测量和控制;在国防军工科研生产领域,航空发动机和航天火箭发动机的温度测量。特别是在新材料、新工艺的研究中,经常要求更加准确地测量和控制温度,即便是在传统产业,如钢铁、冶金、热处理、轻工、化工等行业,随着自动化程度的提高和对产品质量要求的提高,也要求准确、快速地测温和控温。另外,随着能源危机的出现,出于节能、环保的目的,在工业生产应用中,对温度的监测也变得越来越重要。总之,工农业、科研生产、国防军事等领域的需求有力地推动了温度测量的发展。

红外测温仪由光学系统、光子探测器、信号放大器及信号处理、显示输出等部分组成。光学系统汇聚其视场内的目标红外辐射能量,红外能量聚焦在光子探测器上并转变为相应的电信号,该信号再经换算转变为被测目标的温度值。

图11-6所示的为红外辐射温度计的外观及工作原理。被测物体的辐射线由物镜聚焦在受热板上。受热板是一种人造黑体,通常为涂黑的铂片,当吸收辐射能以后,其温度升高,

温度值由连接在受热板上的热电偶、热电阻或热敏电阻测定。红外辐射温度计既可用于高温测量,又可用于冰点以下的温度测量,所以是辐射温度计的发展趋势。市售的红外辐射温度计的温度测量范围为-30 ℃~3 000 ℃。

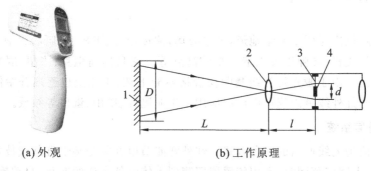

(a) 外观　　　　　　　　　　(b) 工作原理

图 11-6　红外辐射温度计外观和工作原理图
1—物体;2—物镜;3—受热板;4—热电偶;5—目镜

红外辐射温度计可以实现非接触式测量,可以从安全的距离测量一个物体的表面温度。比起接触式测温方法,红外测温有着响应时间快、非接触、使用安全及使用寿命长等优点。在生产过程中,红外测温技术在产品质量控制和监测、设备在线故障诊断和安全保护以及节约能源等方面发挥着重要作用。

7. 红外夜视仪

夜间可见光很微弱,但人眼看不见的红外线却很丰富。红外夜视仪可以帮助人们在夜间观察、搜索、瞄准和驾驶车辆。红外夜视仪是一种利用红外成像技术达到侦察目的的设备。在夜晚,由于各种物体温度不同,辐射红外线的强度不同,在红外夜视仪中就会有不同的图像。红外夜视仪可以清楚地显示黑暗中发生的行为。它可用于在夜间追捕罪犯。

红外夜视仪的外观如图 11-7 所示。红外夜视仪成像图如图 11-8 所示。红外夜视仪的工作原理图如图 11-9 所示。

图 11-7　红外夜视仪的外观

图 11-8　红外夜视仪成像图

8. 红外遥感

可见光不易通过水雾和浮尘,而红外线容易绕过它们,应用这一特点发展起来的红外遥感和遥测技术得到广泛应用。例如,气象卫星收集气象信息,以及应用红外监控航天飞机的返航等。

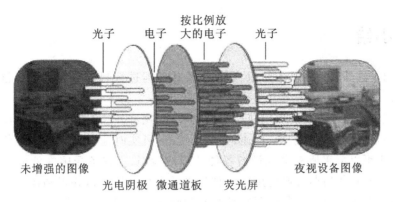

图 11-9 红外夜视仪的工作原理图

9. 红外技术在军事领域和民用工程中的应用

近年来，红外技术在军事领域和民用工程中都得到了广泛应用。军事领域的应用主要包括：侦查、搜索和预警；探测和跟踪；全天候前视和夜视；武器瞄准；红外制导导弹；红外成像相机；水下探潜；探雷技术。

红外辐射由于看不见，可以避开敌方目视观察，白天黑均可使用，特别适于夜战的场合。使用红外辐射可采用被动接收系统，比用无线电雷达或可见光装置安全、隐蔽、不易受干扰、保密性强。利用目标和背景辐射特性的差异，能较好地识别各种军事目标，特别是可以发现伪装的军事目标，分辨率比微波的好，对天气条件的适应性比可见光的强。

红外探测的缺点是工作时受云雾的影响很大，有的红外设备在气候恶劣时几乎不能正常工作。

10. 热释电型人体红外传感器警戒系统

热释电型人体红外线传感器是 20 世纪 80 年代末期出现的一种新型传感器，并迅速在防盗报警、自动控制、接近开关、遥控等领域广泛应用。

人体的温度一般在 37 ℃左右，会发出 10 μm 左右波长的红外线。在红外探测器的警戒区内，当有人体移动时，热释电型人体红外线传感器感应到人体温度与背景温度的差异信号，产生输出。热释电型人体红外线传感器的结构和滤光窗的波长通带范围（8～14 μm）决定了它可以抵抗可见光和大部分红外线、环境及自身温度变化的干扰，只对移动的人体敏感。显然，当人体静止或移动很缓慢时，传感器也不敏感。

热释电型人体红外传感器警戒系统工作原理框图如图 11-10 所示。

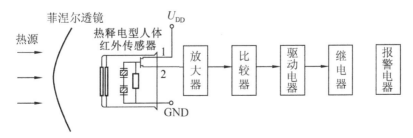

图 11-10 热释电型人体红外传感器警戒系统工作原理框图

本章小结

本章介绍了红外辐射的基本知识、利用红外传感器进行测量的基本原理和红外传感器的应用场合。

随着现代科学技术不断发展成熟与日益完善，利用红外状态监测和诊断技术具有距离远、不接触、不取样、不解体、准确、快速、直观等优点，可实时地在线监测和诊断电气设备大多数故障（几乎可以覆盖所有电气设备各种故障的检测）。它备受国内外电力行业的重视（国外 20 世纪 70 年代后期普遍应用的一种先进状态检修体制），并得到快速发展。红外检测技术的应用，对提高电气设备的可靠性与有效性，提高运行经济效益，降低维修成本都有很重要的意义。红外检测技术不仅是在预知检修领域中普遍推广的一种很好的手段，而且能使维修水平和设备的健康水平上一个台阶。

思考与练习

1. 所有物体都可以产生红外辐射吗？
2. 红外探测技术有哪些主要优点？
3. 红外辐射涉及几个基本定律？分别简述各个基本定律。
4. 红外探测器的种类有哪些？
5. 红外传感器在日常生产生活中有哪些应用？并简述其中两种应用的基本测量原理。
6. 红外辐射温度计可以实现非接触式测量还是接触式测量？它有哪些优点？

第 12 章
气敏传感器和湿敏传感器

◀ 12.1 气敏传感器 ▶

在工业高度发达的今天,废气污染所带来的损失已经威胁到人类的生存,解决温室效应、酸雨、臭氧层的破坏等一系列问题已经迫在眉睫,而解决这些问题的关键是迅速、准确地检测到这些有毒害、有污染的气体,另外,在家居安全、矿井作业、火灾报警等方面,气体的检测也很重要。这便是气敏传感器发展的客观条件。

需要检测的气体种类很多,而所检测的气体的种类、组成、浓度不同,检测方法也不大相同,如电化学法、光学法、色谱分离法等。这些方法共同的缺点是检测设备复杂、成本高、不宜广泛使用。

气敏传感器是用来检测特定气体类别、浓度和成分的传感器。它将气体的种类及其浓度等有关的信息转换成电信号,根据这些电信号的强弱便可获得与被测气体在环境中的存在情况有关的信息。气敏传感器主要用于工业上天然气、煤气、石油化工等部门的易燃、易爆、有毒、有害气体的检测、预报和自动控制。气敏传感器的核心元件是气敏元件,气敏元件是以化学物质的成分为检测参数的化学敏感元件。

气敏传感器外观图如图 12-1 所示。

图 12-1 气敏传感器外观图

12.1.1 气敏传感器的工作原理

声表面波器件的波速和频率会随外界环境的变化而发生漂移。气敏传感器就是利用这种性能在压电晶体表面涂覆一层选择性吸附某种气体的气敏薄膜,当该气敏薄膜与被测气体相互作用(化学作用,或生物作用,或物理吸附),使得气敏薄膜的膜层质量和导电率发生变化时,压电晶体的声表面波频率发生漂移,气体浓度不同,膜层质量和导电率变化程度不同,即声表面波频率的变化不同。通过测量声表面波频率的变化就可以获得准确的反映气体浓度的变化值。气敏传感器所用的气体敏感元件,大多以金属氧化物半导体为基础材料。当被测气体被吸附于该半导体表面时,引起其电学特性(如电导率)发生变化。

12.1.2 气敏传感器的分类

气敏传感器按工作原理可分为电量型气敏传感器、质量型气敏传感器和质量电量双参数气敏传感器。

1. 电量型气敏传感器

（1）电阻式气敏传感器：材料表面吸附气体后，电阻值发生变化。

（2）电容式气敏传感器：材料的电容量随周围气体的浓度发生变化。

（3）伏安特性气敏传感器：一定的气体将引起半导体能带及金属功函数的变化。

2. 质量型气敏传感器和质量电量双参数气敏传感器

（1）声表面波型气敏传感器：在压电晶体表面涂覆一层选择性吸附某种气体的气敏薄膜，这层气敏薄膜吸附了特定气体之后，将会引起压电晶体的声表面波频率发生漂移，从而可以准确地测出气体的浓度。

（2）石英微波天平气敏传感器：在石英表面涂覆一层选择性吸附某种气体的涂层，当此涂层选择性吸附特定气体之后便会引起石英晶片谐振频率的变化，从而可定量地测特定气体的浓度。

除此之外，气敏传感器还有如表 12-1 所示的分类方法。

表 12-1　气敏传感器的分类

分　类	工　作　原　理	检　测　对　象	特　点
半导体式	若气体接触到加热的金属氧化物（SnO_2、Fe_2O_3、ZnO_2 等），电阻值会增大或减小	CO、CO_2 等	灵敏度高，构造与电路简单，但输出与气体浓度不成比例
接触燃烧式	可燃性气体接触到氧气就会燃烧，使得作为气敏材料的铂丝的温度升高，电阻值相应增大	燃烧气体	输出与气体浓度成比例，但灵敏度较低
化学反应式	通过化学溶剂与气体反应产生的电流、颜色、电导率的增加等	CO、H_2、CH_4、C_2H_5OH、SO_2 等	气体选择性好，但不能重复使用
光干涉式	气体与空气的折射率不同而产生的干涉现象	与空气折射率不同的气体，如 CO_2 等	寿命长，但选择性差
热传导式	根据热传导率差而放热的发热元件的温度降低进行检测	还原性气体、城市排放气体、丙烷气体等	构造简单，但灵敏度低，选择性差
红外线吸收散射式	对由于红外线照射，气体分子发生谐振而引起的吸收量或散射量进行检测	CO、CO_2 等	能定性测量，但装置大，价格高

气敏传感器是暴露在各种成分的气体中使用的，由于检测现场温度、湿度的变化很大，又存在大量粉尘和油雾等，所以其工作条件较恶劣，而且气体与气敏元件的材料会发生化学

反应,产生的反应物附着在元件表面,往往会使其性能变差。因此,对气敏元件有几点要求:对被测气体具有较高的灵敏度;对被测气体以外的共存气体或物质不敏感;性能稳定,重复性好;动态特性好,对检测信号响应迅速快;使用寿命长;制造成本低,使用与维护方便。

12.1.3 气敏传感器的应用

气敏传感器的应用主要有一氧化碳气体的检测、瓦斯气体的检测、煤气的检测、呼气中乙醇的检测、人体口腔口臭的检测等。它将气体种类及与浓度有关的信息转换成电信号,根据这些电信号的强弱就可以获得与被测气体在环境中的存在情况有关的信息,从而可以进行检测、监控、报警。气敏传感器还可以通过接口电路与计算机组成自动检测、控制和报警系统。

由于气体种类繁多,性质各不相同,不可能用一种传感器检测所有类别的气体,因此能实现气/电转换的传感器种类很多。按构成气敏传感器材料不同,气敏传感器可分为半导体和非半导体两大类。目前实际使用最多的是半导体气敏传感器,因此本文主要讲述半导体气敏传感器的有关原理及应用。

半导体气敏传感器是利用被测气体与半导体表面接触时,产生的电导率等物理性质变化来检测气体的。按照半导体与气体相互作用时产生的变化只限于半导体表面还是深入到半导体内部,半导体气敏传感器可分为表面控制型和体控制型。表面控制型半导体气敏传感器半导体表面吸附的气体与半导体间产生反应,结果使半导体的电导率等物理性质发生变化,但内部化学组成不变。体控制型半导体气敏传感器半导体与气体产生反应,使半导体内部组成发生变化而使电导率变化。按照半导体变化的物理特性,半导体气敏传感器又可分为电阻型和非电阻型。电阻型半导体气敏传感器是利用敏感材料接触气体时,其阻值的变化来检测气体的成分或浓度的。非电阻型半导体气敏传感器则是根据气体的吸附和反应,使其某些关系特性发生改变而对气体进行直接或间接的检测,如通过二极管伏安特性和场效应晶体管的阈值电压变化来检测被测气体。

1) 检漏仪(或称探测器)

它是利用气敏元件的气敏特性,将其作为电路中气/电转换元件,配以相应的电路、指示仪表或声光显示部分而组成的气体探测仪器。这类仪器通常要求有高灵敏度。

2) 报警器

这类仪器是当泄漏气体达到危险限值时自动报警的仪器。

图 12-2 所示的是一种最简单的家用气体报警器电路。气/电转换元件采用测试回路高电压的直热式气敏元件。当室内可燃性气体增加时,由于接触到可燃性气体,气敏元件的阻值降低,这样流经回路的电流便增加,可直接驱动蜂鸣器报警。

设计报警器时,应合理选择开始报警浓度。报警浓度选低了,报警器灵敏度高,容易发生误报情况;报警浓度选高了,报警器容易漏报,起不到报警效果。

3) 自动控制仪器

它是利用气敏元件的气敏特性实现电气设备自动控制的仪器,如电子灶烹调自动控制、换气扇自动换气控制等。

4) 测试仪器

测试仪器利用气敏元件与不同气体浓度的关系来确定气体种类和测量气体浓度。它对所用气敏元件的性能要求较高,测试部分要配以高精度测量电路。

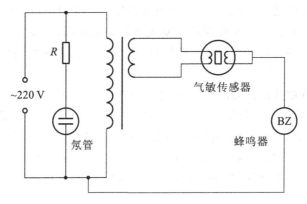

图 12-2　家用气体报警器电路

◀ 12.2　湿敏传感器 ▶

随着时代的发展,科研、农业、食品、暖通、纺织、机房、航空航天、电力等工业部门,越来越需要采用湿敏传感器。随着对产品质量的要求越来越高,对环境温度、湿度的控制以及对工业材料水分值的监测与分析都已成为比较普遍的技术条件之一。

12.2.1　湿度的定义

湿度是指空气中含有水蒸气的量。它通常采用绝对湿度和相对湿度两种表示方法。

绝对湿度是指在一定温度和压力条件下,每单位体积的混合气体中所含水蒸气的质量,一般用符号 AH 表示,单位符号为 g/m^3。

相对湿度是指气体的绝对湿度与在同一温度下水蒸气已达到饱和的气体的绝对湿度之比,常表示为 RH。相对湿度给出大气的潮湿程度,它是一个无量纲的量,在实际使用中多使用相对湿度。

提及湿度,经常用到露点这个名词。在一定大气压下,将含有水蒸气的空气冷却,当温度下降到某一特定值时,空气中的水蒸气达到饱和状态,开始从气态变成液态而凝结成露珠,这种现象称为结露,这一特定温度就称为露点温度,结露时空气的相对湿度为100％RH。如果这一温度低于 0 ℃,水蒸气将结霜,此时这一温度又称为霜点温度。两者统称为露点。空气中水蒸气气压越小,露点越低,因而可用露点表示空气中的湿度。

12.2.2　湿敏传感器的基本原理

湿敏元件是最简单的湿敏传感器。湿敏元件主要有电阻式、电容式两大类。

湿敏电阻的特点是,在基片上覆盖一层用感湿材料制成的膜,当空气中的水蒸气吸附在感湿膜上时,湿敏电阻的电阻率和电阻值都发生变化,利用这一特性即可测量湿度。湿敏电阻的种类很多,例如金属氧化物湿敏电阻、硅湿敏电阻、陶瓷湿敏电阻等。湿敏电阻的优点是灵敏度高,主要缺点是线性度和产品互换性差。

湿敏电容一般是用高分子薄膜电容制成的,常用的高分子材料有聚苯乙烯、聚酰亚胺等。当环境湿度发生改变时,湿敏电容的介电常数发生变化,使其电容量发生变化,其电容变化量与相对湿度成正比。湿敏电容的主要优点是灵敏度高、产品互换性好、响应速度快、湿度的滞后量小、便于制造、容易实现小型化和集成化。湿敏电容的测量精度一般比湿敏电阻的要低一些。

湿敏元件的线性度及抗污染性差,在检测环境湿度时,湿敏元件要长期暴露在被测环境中,很容易被污染而影响其测量精度及长期稳定性。所以,一个理想的湿敏传感器应具备的性能有:使用寿命长,稳定性好;灵敏度高,线性度好,温度系数小;使用范围宽,测量精度高;响应迅速;湿滞回差小,重现性好;能在恶劣环境中使用,抗腐蚀、耐低温和耐高温等特性好;湿敏元件的一致性和互换性好,易于批量生产,成本低;湿敏元件感湿特征量应在易测范围内等。

12.2.3　湿敏传感器的分类

根据水分子是否易于吸附在固体湿敏元件表面并渗透到固体湿敏元件内部,湿敏传感器可以分为水分子亲和力型和非水分子亲和力型,如图 12-3 所示。

图 12-3　湿敏传感器的分类

水分子亲和力型湿敏传感器又可细分为电阻式、电容式、陶瓷式和电解质湿敏传感器,产品的基本形式都为在基片涂覆感湿材料形成感湿膜。空气中的水蒸气吸附在感湿膜上后,元件的阻抗、介质常数发生很大的变化,从而制成湿敏元件。

国内外各厂家的湿敏传感器产品水平不一,价格相差较大,用户要想选择性价比最优的理想产品,需要对湿敏传感器做深入的了解。选择湿敏传感器时,应主要考虑以下几个方面。

1. 精度和长期稳定性

湿敏传感器的精度应达到 $\pm 2\%$RH $\sim \pm 5\%$RH,达不到这个水平的湿敏传感器很难作为计量器具使用,湿敏传感器要达到 $\pm 2\%$RH $\sim \pm 3\%$RH 的精度是比较困难的,通常产品资料中给出的特性是在常温(20 ℃ ± 10 ℃)和洁净的气体中测量的。在实际使用中,由于尘土、油污及有害气体的影响,使用时间一长,湿敏传感器老化,精度下降。湿敏传感器的精度水平要结合其长期稳定性去判断,一般来说,长期稳定性和使用寿命是影响湿敏传感器质量的重要因素,年漂移量控制在 1%RH 水平的产品很少,一般都在 $\pm 2\%$左右,甚至更高。

2. 温度系数

湿敏元件除对环境湿度敏感外,对温度也十分敏感,其温度系数一般在 0.2%RH/℃ $\sim$ 0.8%RH/℃范围内,而且有的湿敏元件在不同的相对湿度下,其温度系数又有差别。解决温漂和校正非线性,需要在电路上加温度补偿。采用单片机软件补偿,或无温度补偿的湿敏传感器是保证不了全温范围的测量精度的。湿敏传感器温漂曲线的线性化直接影响到补偿的效果,采用单片机软件对非线性的温漂进行补偿往往得不到较好的效果,只有采用硬件温度跟随性补偿才会获得真实的补偿效果。湿敏传感器工作的温度范围也是重要参数。多数湿敏元件难以在 40 ℃以上的温度下正常工作。

3. 供电

对金属氧化物、陶瓷、高分子聚合物和氯化锂等湿敏材料施加直流电压时,会导致性能变化,甚至失效,所以这类湿敏传感器不能用直流电压或有直流成分的交流电压,必须使用交流电供电。

4. 互换性

目前,湿敏传感器普遍存在着互换性差的问题,同一型号的传感器不能互换,严重影响了使用效果,给维修、调试增加了困难,有些厂家在这方面做出了种种努力,虽然互换性仍差,但还是取得了较好效果。

5. 湿度校正

校正湿度比校正温度困难得多。温度标定往往用一根标准温度计作标准即可,而湿度的标定标准较难选取,干湿球温度计和一些常见的指针式湿度计是不能用来作标定的,因其环境条件要求非常严格,精度无法保证。一般情况下(最好在湿度环境适合的条件下),当缺乏完善的检定设备时,通常用简单的饱和盐溶液检定法进行湿度校正,并测量温度。

12.2.4 几种常见的湿敏传感器

1. 氯化锂湿敏传感器

1)电阻式氯化锂湿度计

第一个基于电阻湿度特性原理的氯化锂湿敏元件是美国湿度标准局的 F. W. Dunmore 研制出来的。这种元件具有精度较高、结构简单、价廉、适用于常温常湿的测控等一系列优点。

氯化锂湿敏元件的测量范围与湿敏层的氯化锂浓度及其他成分有关。单个元件的有效感湿范围一般在 20%RH 以内。例如,0.05%的浓度对应的感湿范围约为 80%RH～100%RH,0.2%的浓度对应的范围是 60%RH～80%RH 等。由此可见,测量较宽的湿度范围时,必须把不同浓度的元件组合在一起使用。可用于全量程测量的湿度计组合的元件数一般为 5 个,采用元件组合法的氯化锂湿度计可测范围通常为 15%RH～100%RH,国外有些产品声称其测量范围可达 2%RH～100%RH。

2)露点式氯化锂湿度计

露点式氯化锂湿度计是由美国的 Forboro 公司首先研制出来的,其后我国和其他许多国家都做了大量的研究工作。这种湿度计和上述电阻式氯化锂湿度计在形式上相似,但工作原理却完全不同。简而言之,它是利用氯化锂饱和水溶液的饱和水气压随温度变化而进行工作的。

2. 碳湿敏元件

碳湿敏元件是美国的 E. K. Carver 和 C. W. Breasefield 于 1942 年首先提出来的。与常用的毛发、肠衣和氯化锂等探空元件相比,碳湿敏元件具有响应速度快、重复性好、无冲蚀效应和滞后环窄等优点。我国气象部门于20世纪70年代初开展碳湿敏元件的研制,并取得了一定的成果,研制出的碳湿敏元件测量不确定度不超过±5%RH,时间常数在正温时为2～3 s,滞差一般在7%左右,比阻稳定性较好。

3. 氧化铝湿度计

氧化铝传感器的突出优点是,体积可以非常小(例如用于探空仪的氧化铝湿度计仅90 μm厚、12 mg重),灵敏度高(测量下限达-110 ℃露点),响应速度快(一般为0.3 s～3 s),测量信号直接以电参量的形式输出,大大简化了数据处理程序。另外,它还适用于测量液体中的水分。这些优点正是工业和气象中的某些测量领域所希望具有的,因此它被认为是进行高空大气探测可供选择的几种合乎要求的传感器之一。也正是因为这些优点,人们对氧化铝湿度计产生浓厚的兴趣。

4. 陶瓷湿敏传感器

在湿度测量领域中,对低湿和高湿及其在低温和高温条件下的测量,到目前为止仍然是一个薄弱环节,而其中又以高温条件下的湿度测量技术最为落后。以往,使用通风干湿球湿度计进行湿度测量几乎是在这个温度条件下可以使用的唯一方法,而该法在实际使用中存在种种问题,无法令人满意。另一方面,随着科学技术的进展,要求在高温下测量湿度的场合越来越多,例如水泥、金属冶炼、食品加工等涉及工艺条件和质量控制的许多工业过程的湿度测量与控制。因此,自20世纪60年代起,许多国家开始竞相研制适用于高温条件下进行测量的湿敏传感器。考虑到传感器的使用条件,人们很自然地把探索方向锁定在既具有吸水性又耐高温的某些无机物上。实践证明,陶瓷元件不仅具有湿敏特性,而且还可以作为感温元件和气敏元件。这些特性使陶瓷湿敏传感器极有可能成为一种有发展前途的多功能传感器。日本人寺日、福岛、新田等人在这方面已经迈出了颇为成功的一步。他们于1980年研制成称为"湿瓷Ⅱ型"和"湿瓷Ⅲ型"的多功能传感器。前者可测控温度和湿度,主要用于空调,后者可用来测量湿度和诸如酒精等多种有机蒸汽,主要用于食品加工方面。

本章小结

本章主要介绍了气敏传感器和湿敏传感器及其类型、结构、工作原理和实例应用。通过对本章的学习,要求在把握它们的工作原理的基础上,通过分析、熟悉它们的应用场合及选用的注意事项,了解它们的信号输出形式及处理方法,注意观察生活中的一些相关事例,从而达到举一反三的目的。

思考与练习

1. 什么是绝对湿度和相对湿度?
2. 简述气敏传感器的分类。
3. 湿敏传感器在使用中有哪些基本要求?
4. 简述湿敏传感器的分类。

第 13 章
其他类型传感器

◀ **13.1 智能化传感器** ▶

13.1.1 智能化传感器概述

智能化传感器（smart transducer/sensor）最初是由美国宇航局于 1978 年开发出来的产品。宇宙飞船上需要大量的传感器不断地向地面发送温度、位置、速度和姿态等数据信息，用一台大型计算机很难同时处理如此庞杂的数据，要想不丢失数据，并降低成本，必须有能实现传感器与计算机一体化的灵巧传感器。智能化传感器是指具有信息检测、信息处理、信息记忆、逻辑思维和判断功能的传感器。它不仅具有传统传感器的各种功能，而且还具有数据处理、故障诊断、非线性处理、自校正、自调整以及人机通信等多种功能。它是微电子技术、微型电子计算机技术与检测技术相结合的产物。

微处理器技术的迅猛发展及测控系统自动化、智能化的发展，要求传感器准确度高、可靠性高、稳定性好，而且具备一定的数据处理能力，并能够自检、自校、自补偿。传统的传感器已不能满足这样的要求。另外，制造高性能的传感器，光靠改进材料工艺是不行的，需要使用计算机技术与传感器技术相结合的方法来提高性能。计算机技术使传感器技术发生了巨大的变革。微处理器（或微计算机）和传感器相结合，产生了功能强大的智能化传感器。

智能化传感器是具有信息处理功能的传感器。智能化传感器带有微处理器，具有采集、处理、交换信息的能力，是传感器集成化与微处理器相结合的产物。也就是说，所谓智能化传感器，就是带微处理器、兼有信息检测和信息处理功能的传感器。智能机器人的感觉系统一般由多个传感器集合而成，采集的信息需要计算机进行处理，而使用智能化传感器就可将信息分散处理，从而降低成本。与一般传感器相比，智能化传感器具有以下三个优点。

（1）通过软件技术可实现高精度的信息采集，而且成本低。

（2）具有一定的编程自动化能力。

（3）功能多样化。

智能化传感器的最大特点就是将传感器检测信息的功能与微处理器的信息处理功能有机地融合在一起。从一定意义上讲，它具有类似于人工智能的作用。需要指出，这里讲的"带微处理器"包含以下两种情况。

（1）将传感器与微处理器集成在一个芯片上构成所谓的"单片智能传感器"。

（2）传感器能够配微处理器。

显然，后者的定义范围更宽，但二者均属于智能化传感器的范畴。

目前，传感器正从传统的分立式，朝着单片集成化、智能化、网络化、系统化的方向发展。

13.1.2 智能化传感器的功能

（1）具有自校正和自诊断功能。智能化传感器不仅能自动检测各种被测参数，而且能进行自动调零、自动调平衡、自动校正。某些智能化传感器还具有自标定功能。

（2）具有数据存储、逻辑判断和信息处理功能，能对被测量进行信号调理或信号处理（包括对信号进行预处理、线性化处理，或对温度、静压力等参数进行自动补偿等）。

（3）具有组态功能，使用灵活。在智能化传感器系统中可设置多种模块化的硬件和软件，用户可通过微处理器发出指令，改变智能化传感器的硬件模块和软件模块的组合状态，完成不同的测量功能。

（4）具有双向通信功能，能直接与微处理器或单片机通信。

（5）具有自动补偿功能。

（6）能够自动采集数据，并对数据进行预处理。

（7）能够自动进行检验、自选量程、自寻故障。

（8）具有数据存储、数据记忆与信息处理功能。

（9）具有双向通信、标准化数字输出或者符号输出功能。

13.1.3　智能化传感器的特点

（1）高精度。智能化传感器采用自调零、自补偿、自校正等多项新技术，能达到高精度指标。

（2）宽量程。智能化传感器的测量范围很宽，并具有很强的过载能力。

（3）多参数、多功能。

（4）自补偿和计算。可利用智能化传感器的计算功能对传感器的零位和增益进行校正，对非线性进行校正，对温度漂移进行补偿。这样，即使传感器的加工不太精密，通过智能化传感器的计算功能也能获得较精确的测量结果。

（5）自校正和自诊断。智能化传感器通过自检软件，能对传感器和系统的工作状态进行定期或不定期的检测，诊断出故障的原因和位置并做出必要的响应，发出故障报警信号，或在计算机屏幕上显示出操作提示。

（6）接口功能。由于智能化传感器中使用了微处理器，其接口容易实现数字化与标准化，可方便地与一个网络系统或上一级计算机进行连接，这样就可以由远程中心计算机控制整个系统工作。

（7）显示报警功能。集成化智能化传感器通过接口与数码管或其他显示器结合起来，可选点显示或定时循环显示各种测量值及相关参数。测量结果也可以通过打印机输出。此外，通过与预设上下限值的比较，它还可实现超限值的声光报警功能。

（8）数字通信功能。集成化智能化传感器可利用接口或智能现场通信器（SFC）来交换信息。

（9）高可靠性与高稳定性。

（10）高信噪比与高分辨力。

13.1.4　智能化传感器的展望

无论是现今还是未来的若干年，智能化传感器和人工智能材料都是人们关注的一门科学。虽然目前智能化传感器已经取得了一定的成效，但是智能化的实现还处于研究的初级阶段。人们对智能化传感器的研究还需从以下几个方面进行。

（1）智能化传感器的重要发展方向仍然是微型结构。微型技术包括了多种科学的多种微型机构，它是一个广泛的应用领域。

（2）传感器将会利用生物技术及纳米技术。分子和原子生物传感器到目前还是一门高新技术学科。目前,一些发达国家已经利用纳米技术研制出分子级的电器。

(3)智能材料继续研制开发,使智能器件原理进一步完善。在这项工作中,对信息注入材料的主要方式和有效途径进行研发,对在人工智能材料内部的功能效应和信息流转换机制进行研究。

(4)人工脑系统的开发。进一步发展高级智能机器人和完善人工脑系统。

传统的传感器在工业生产中的应用是无法快速直接测量某些产品质量指标的,并且也无法进行在线控制。但是智能化传感器的应用就不一样了,智能化传感器的应用不仅可以对与产品质量指标有函数关系的生产过程中的某些量进行直接测量,而且可以利用神经网络来建立数学模型,通过数学模型来进行准确的计算,这样可以使产品质量得以确保。智能化传感器进一步完善的主要方向就是虚拟化、网络化和信息融合技术。

智能化传感器是躯感网的前端,它能搜集到很多有特征的数据。用于躯感网的智能化传感器一般可分为两种:一种是可以移植到人体之内的智能化传感器;一种是佩戴在体表的,如对脉搏、血压、心跳运动进行监测的智能化传感器。从外观上看,智能化传感器的形态也非常简单,有的智能化传感器类似于手表戴在手腕上,有的智能化传感器则像耳机一样戴在耳朵上,有的智能化传感器放在鞋里,还有的智能化传感器像创可贴一样贴在身体的某个部位上。在医学领域中,血糖水平对于糖尿病患者而言是非常重要的,糖尿病患者需要随时掌握自己的血糖水平,根据具体情况来对自己的饮食和注射胰岛素进行调整,以防病情加重或者其他病出现。针对这个情况美国公司生产了一种"葡萄糖手表",这种外观类似手表的测糖仪能够实现无疼痛、无血、连续的血糖测试。

◀ 13.2 生物传感器 ▶

生物传感器是一种利用生物活性物质的分子识别功能,将感受到的被测物质的特征量转换成可用输出信号的传感器。它是由以生物敏感材料制成的分子识别元件(包含酶、抗体、抗原、微生物、细胞、组织、核酸等生物活性物质)、适当的理化换能器(如氧电极、光敏管、场效应管、压电晶体等)及信号放大装置构成的分析工具或系统。生物传感器具有接收器与转换器的功能。生物传感器的工作原理是,被测物质经扩散作用进入固定生物膜敏感层,被识别并发生生物学作用,产生的信息如光、热、音等被相应的信号转换器转换为可定量和处理的电信号,再经二次仪表放大并输出,以电极测定其电流值或电压值,从而换算出被测物质的量或浓度。

生物传感器中,分子识别部分,即分子识别元件或称敏感元件,用以识别被测目标,是可以引起某种物理变化或化学变化的主要功能元件。分子识别部分是生物传感器选择性测定的基础。生物体中能够选择性地分辨特定物质的物质有酶、抗体、组织、细胞等。这些物质通过识别过程可与被测目标结合成复合物,如抗体和抗原的结合、酶与基质的结合。

1967年,S.J.乌普迪克等制出了第一个生物传感器——葡萄糖传感器。将葡萄糖氧化酶包含在聚丙烯酰胺胶体中加以固化,再将此胶体膜固定在隔膜氧电极的尖端上,便制成了葡萄糖传感器。当改用其他的酶或微生物等固化膜时,便可制得检测其对应物的其他生物传感器。

13.2.1 生物传感器的分类

(1) 根据生物传感器中分子识别元件即敏感元件,生物传感器可分为酶传感器、微生物传感器、细胞传感器、组织传感器、免疫传感器五类。显而易见,它们所应用的生物敏感材料依次为酶、微生物个体、细胞、动植物组织、抗原和抗体。

(2) 根据生物传感器的换能器即信号转换器,生物传感器可分为生物电极传感器、半导体生物传感器、光生物传感器、热生物传感器、压电晶体生物传感器等。它们的换能器依次为电化学电极、半导体、光电转换器、热敏电阻、压电晶体等。

(3) 根据被测目标与分子识别元件的相互作用方式,生物传感器可分为有生物亲和型生物传感器和代谢型生物传感器两类。

13.2.2 生物传感器的应用

生物传感器在国民经济的各个部门如食品、制药、化工、临床检验、生物医学、环境监测等部门有广泛的应用前景。在科学技术快速发展的今天,分子生物学与微电子学、光电子学、微细加工技术及纳米技术等新学科、新技术结合,正改变着传统医学、环境科学动植物学的面貌。生物传感器的研究开发,已成为世界科技发展的新热点。

1. 生物传感器在食品分析中的应用

生物传感器在食品分析中的应用包括食品成分、食品添加剂、有害毒物及食品鲜度等的测定分析。

1) 食品成分分析

在食品工业中,葡萄糖的含量是衡量水果成熟度和储藏寿命的一个重要指标。已开发的酶电极型生物传感器可测定分析白酒、苹果汁、果酱和蜂蜜中的葡萄糖的含量。其他糖类,如果糖,啤酒、麦芽汁中的麦芽糖,也有相应的成熟的测定传感器。

2) 食品添加剂的分析

亚硫酸盐通常用作食品工业的漂白剂和防腐剂,采用亚硫酸盐氧化酶为敏感材料制成的电流型二氧化硫酶电极可用于测定食品中的亚硫酸盐含量。又如饮料、布丁等食品中的甜味素,采用天冬氨酶结合氨电极测定,测定的线性范围比较大。

3) 药残留量分析

近年来,人们对食品中的农药残留问题越来越重视,各国政府正在不断加强食品中的残留农药的检测工作。

4) 生物和毒素的检验

食品中病原性微生物的存在会给消费者的健康带来极大的危害,食品中毒素不仅种类很多而且毒性大,大多有致癌、致畸、致突变作用,因此,加强对食品中的病原性微生物及毒素的检测至关重要。食用牛肉很容易被大肠杆菌感染,因此,需要用快速、灵敏的方法检测和防御大肠杆菌一类的细菌。光纤生物传感器可以在几分钟内检测出食物中的病原体。

5) 食品鲜度的检测

食品鲜度尤其是鱼类、肉类的鲜度是评价食品质量的一个主要指标。例如,以黄嘌呤氧化酶为生物敏感材料,结合过氧化氢电极,通过测定鱼降解过程中产生的三磷腺苷和次黄嘌吟的浓度,可以评价鱼的鲜度。

2. 生物传感器在环境测量中的应用

近年来,环境污染问题日益严重,人们迫切希望拥有一种能对污染物进行连续、快速、在线监测的仪器,生物传感器满足了人们的要求。目前,已有大量生物传感器应用于环境监测中。

1) 环境监测

生化需氧量是一种广泛采用的表征有机污染程度的综合性指标。在水体监测和污水处理厂的运行控制中,生化需氧量是最常用、最重要的指标之一。常规的生化需氧量测定操作复杂,重复性差,耗时耗力,干扰性大,且不适用于现场监测。利用一种毛孢子菌和芽孢杆菌制作一种微生物生化需氧量传感器。该传感器能同时精确测量葡萄糖和谷氨酸的浓度。

2) 气体环境监测

二氧化硫(SO_2)是酸雨酸雾形成的主要原因,传统的二氧化硫监测方法很复杂。将亚细胞类脂类(含亚硫酸盐氧化酶的肝微粒体)固定在醋酸纤维膜上,和氧电极制成安培型生物传感器,对由二氧化硫(SO_2)造成的酸雨酸雾的样品溶液进行监测,可以得到稳定的测试结果。

3. 生物传感器在发酵中的应用

在各种生物传感器中,微生物传感器具有成本低、设备简单、不受发酵液混浊程度的限制、可消除发酵过程中干扰物质的干扰等优点。因此,在发酵工业中,广泛地采用微生物传感器作为一种有效的测量工具。

1) 原材料及代谢产物的测定

微生物传感器可用于测量发酵工业中的原材料(如糖蜜、乙酸等)和代谢产物(如头孢霉素、谷氨酸、甲酸、醇类、乳酸等)。测量的装置基本上都是由适合的微生物电极与氧电极组成,原理是,利用微生物的同化作用耗氧,通过测量氧电极电流的变化量来测量氧气的减少量,从而达到测量底物浓度的目的。

2) 微生物细胞数的测定

发酵液中细胞数的测定是重要的。细胞数(菌体浓度)即单位发酵液中的细胞数量。一般情况下,需取一定的发酵液样品,采用显微计数方法测定,这种测定方法耗时较长,不适于连续测定。在发酵控制方面迫切需要使用能直接测定细胞数的简单而连续的方法。人们发现:在阳极表面上,菌体可以直接被氧化并产生电流。这种电化学系统可以应用于细胞数的测定。其测定结果与用常规的细胞计数法测定的数值相近。利用这种电化学微生物细胞数传感器可以实现对菌体浓度连续、在线的测定。

4. 生物传感器在医学领域中的应用

在医学领域,生物传感器发挥着越来越大的作用。生物传感技术不仅为基础医学研究及临床诊断提供了一种快速、简便的新型方法,而且因为其具有灵敏、响应快等特点,在军事医学方面也具有广泛的应用前景。

在临床医学中,酶电极传感器是最早研制且应用最多的一种传感器,目前,已成功地应用于血糖、乳酸、维生素C、尿酸、尿素、谷氨酸、转氨酶等物质的检测。其工作原理是:用固定化技术将酶装在生物敏感膜上,检测样品中若含有相应的酶底物,则可反应产生可接收的信息物质,指示电极发生响应,转换成电信号的变化,根据这一变化,就可测定某种物质的有无和多少。利用具有不同生物特性的微生物代替酶,可制成微生物传感器,临床中应用的微生物传感器有葡萄糖、乙醇、胆固醇传感器等。选择适宜的含某种酶较多的组织来代替相应的酶制成的传感器称为生物电极传感器,如用猪肾、兔肝、牛肝、甜菜、南瓜和黄瓜叶制成的传感器,它们可分别用于检测谷酰胺、鸟嘌呤、过氧化氢、酪氨酸、维生素 C 和胱氨酸等。

DNA 传感器是目前生物传感器中报道得最多的一种。用于临床疾病诊断是 DNA 传感器的最大优势,它可以帮助医生从 DNA、RNA、蛋白质及其相互作用的层次上了解疾病的发生、发展过程,有助于对疾病的及时诊断和治疗。此外,进行药物检测也是 DNA 传感器的一大亮点。目前,人们利用 DNA 传感器研究了常用铂类抗癌药物的作用机理并测定了血液中该类药物的浓度。DNA 传感器的特点主要有以下七个。

(1) 采用固定化生物活性物质作催化剂,价值昂贵的试剂可以重复多次使用,克服了过去酶法分析试剂费用高和化学分析烦琐复杂的缺点。

(2) 专一性强,只对特定的底物起反应,而且不受颜色、浊度的影响,并能从复杂的系统中准确测出某一物质的浓度。

(3) 分析速度快。

(4) 准确度高,一般相对误差约 1%。

(5) 操作系统比较简单,容易实现自动分析。

(6) 成本低,可进行活体分析。

(7) 有的生物传感器能够可靠地指示微生物培养系统内的供氧状况和副产物的产生,在产控制中能得到许多复杂的物理化学传感器综合作用才能获得的信息。同时它们还指明了增加产物得率的方向。

13.2.3　生物传感器的前景展望

近年来,受生物科学、信息科学和材料科学发展的推动,生物传感器技术飞速发展。但是,目前生物传感器的广泛应用仍面临着一些困难,在今后一段时间里,生物传感器的研究工作将主要围绕以下几个方面进行:活性强、选择性高的生物传感元件;提高信号检测器的使用寿命;提高信号转换器的使用寿命;生物响应的稳定性和生物传感器的微型化、便携式等。可以预见,未来的生物传感器将具有以下特点。

1) 功能多样化

未来的生物传感器将进一步涉及医疗保健、疾病诊断、食品检测、环境监测、发酵工业的各个领域。目前,生物传感器研究中的重要内容之一就是研究能代替生物视觉、嗅觉、味觉、听觉和触觉等感觉器官的生物传感器,即仿生传感器或称以生物系统为模型的生物传感器。

2) 微型化

随着微加工技术和纳米技术的进步,生物传感器将不断地微型化,各种便携式生物传感器的出现将使人们可以在家中进行疾病诊断,使在市场上直接检测食品成为可能。

3) 智能化,集成化

未来的生物传感器必定与计算机紧密结合,可自动采集数据、处理数据,更科学、更准确地提供结果,实现采样、进样、结果"一条龙",形成检测的自动化系统。同时,芯片技术将进一步与传感器融合,实现检测系统的集成化、一体化。

4) 低成本,高灵敏度,高稳定性,长使用寿命

生物传感器技术的不断进步,必然要求不断降低产品成本,提高灵敏度、稳定性、延长使

用寿命。这些特性的改善也会加速生物传感器市场化、商品化的进程。

在不久的将来,生物传感器会给人们的生活带来巨大的变化。它具有广阔的应用前景,必将在市场上大放异彩。

◀ 13.3 机器人传感器 ▶

在科技界,科学家通常会给每一个科技术语下一个明确的定义。机器人(见图 13-1)问世已有几十年,但对机器人的定义仍然没有一个统一的意见。我国科学家对机器人的定义是,机器人是一种自动化的机器,所不同的是这种机器具备一些与人或生物相似的智能能力,如感知能力、规划能力、动作能力和协同能力,是一种具有高度灵活性的自动化机器。国际标准化组织采纳了美国机器人工业协会给机器人下的定义,即机器人是一种可编程和多功能的,用来搬运材料、零件、工具的操作机;或是为了执行不同的任务而具有可改变和可编程动作的专门系统。

图 13-1　机器人

20 世纪 80 年代,将具有感觉、思考、决策和动作能力的系统称为智能机器人,这是一个概括的、含义广泛的概念。这一概念不但指导了机器人技术的研究和应用,而且赋予了机器人技术向深广发展的巨大空间。现今人们已经研制出具有感知、决策、行动和交互能力的智能机器,如移动机器人、微机器人、水下机器人、医疗机器人、军用机器人、空中机器人、地面机器人、娱乐机器人、微小型机器人等各种用途的机器人相继问世,许多梦想成为现实。将机器人的技术(如传感技术、智能技术、控制技术等)扩散和渗透到各个领域形成了各式各样的新机器——机器人化机器。

传感器使得机器人初步具有类似于人的感知能力,不同类型的传感器组合构成了机器人的感觉系统。

13.3.1　机器人传感器从人类生理学角度分类

从人类生理学观点来看,人的感觉可分为内部感觉和外部感觉,类似地,机器人传感器可分为内部传感器和外部传感器。

1. 内部传感器

机器人内部传感器的功能是测量运动学和力学参数,使机器人能够按照规定的位置、轨迹和速度等参数进行工作,感知自己的状态并加以调整和控制。内部传感器通常由位置传感器、角度传感器、速度传感器、加速度传感器等组成。

2. 外部传感器

外部传感器主要用来检测机器人所处环境及目标状况,如是什么物体、离物体的距离有多远、抓取的物体是否滑落等,从而使得机器人能够与环境发生交互作用,并对环境具有自我校正和适应能力。从广义角度来看,机器人外部传感器就是具有人类五官的感知能力的传感器。

13.3.2 机器人传感器根据人的感觉分类

根据人的感觉,机器人传感器主要可以分为视觉、听觉、触觉、力觉和接近觉传感器五大类。下面简要介绍视觉传感器、听觉传感器、触觉传感器和接近觉传感器。

1. 视觉传感器

视觉传感器是组成智能机器人最重要的传感器之一。目前机器人的视觉多数是通过电视摄像机和对信号进行处理的运算装置来获得的,由于其主体是计算机,所以又称为计算机视觉。机器人视觉传感器的工作过程可分为检测、分析、绘制和识别四个步骤。视觉信息一般通过光电检测转化成电信号。常用的光电检测器有摄像管和固态图像传感器。

2. 听觉传感器

听觉传感器也是机器人的重要感觉器官之一。随着计算机技术及语音学的发展,现在已经部分实现用机器代替人耳。它不仅能通过语音处理及辨识技术识别讲话人,还能正确理解一些简单的语句。

机器人听觉系统中的听觉传感器的基本形态与麦克风的相同,这方面的技术已经非常成熟。因此其关键问题还是在于声音识别上,即语音识别技术。它与图像识别同属于模式识别领域,而模式识别技术是最终实现人工智能的主要手段。

3. 触觉传感器

一般认为触觉包括接触觉、压觉、滑觉、力觉四种,狭义的触觉按字面上来看是指前三种感知接触的感觉。

4. 接近觉传感器

接近觉传感器主要感知传感器与对象物之间的接近程度,即需要检测对象物体与传感器之间的距离。接近觉传感器有电磁感应式、光电式、电容式、气压式、超声波式、红外式以及微波式等多种类型。

◀ 13.4 微传感器 ▶

微机电系统(micro-electro-mechanical systems,简称为 MEMS),专指外形轮廓尺寸在毫米级以下,构成它的机械零件和半导体元器件尺寸在微米至纳米级,可对声、光、热、磁、压力、运动等自然信息进行感知、识别、控制和处理的微型机电装置,是融合了硅微加工、光刻铸造成形和精密机械加工等多种微加工技术制作的系统。

完整的 MEMS 是由微传感器、微执行器、信号处理和控制电路、通信接口和电源等部件组成的一体化的微型器件系统,其目标是把信息的获取、处理和执行集成在一起,组成具有多功能的微型系统,集成于大尺寸系统中,从而大幅度地提高系统的自动化、智能化和可靠性水平。MEMS 的突出特点是,微型化,涉及电子、机械、材料、制造、控制、物理、化学、生物等多学科技术,其中大量应用的各种材料的特性和加工制作方法在微米或纳米尺度下具有特殊性。

与传统的传感器相比,微传感器具有空间占有率小、灵敏度高、响应速度快、便于集成化和多功能化、可靠性高、消耗电力小、价格低廉、适于批量化生产等优点。

MEMS 传感器可用于无创胎心检测。检测胎儿心率是一项技术性很强的工作,由于胎儿心率很快,每分钟 120~160 次,用传统的听诊器,甚至只有放大作用的超声多普勒仪都很难测量准确,而具有数字显示功能的超声多普勒胎心监护仪价格昂贵,仅为少数大医院所使用,在中小型医院及广大的农村地区无法普及。此外,超声振动波作用于胎儿,会对胎儿产生很大的不利影响,尽管检测剂量很低,也属于有损探测范畴,不适于经常性、重复性的检查及家庭使用。基于 MEMS 加速度传感器设计的胎儿心率检测仪在适当改进后能够以此为终端,做一个远程胎心监护系统,由医院端的中央信号采集分析监护主机给出自动分析结果,医生对该结果进行诊断,如果有问题及时通知孕妇到医院。该技术有利于孕妇随时检查胎儿的状况,有利于胎儿和孕妇的健康。

MEMS 压力传感器主要用于测量气囊压力、燃油压力、发动机机油压力、进气管道压力及轮胎压力。

在运动员的日常训练中,MEMS 传感器可以用来进行 3D 人体运动测量,对每一个动作进行记录,教练们对结果进行分析,反复比较,以便提高运动员的成绩。随着 MEMS 技术的进一步发展,MEMS 传感器的价格也会降低,使得其在大众健身房中也可以广泛应用。

在滑雪方面,3D 运动追踪中的压力传感器、加速度传感器、陀螺仪以及 GPS 可以让使用者获得极精确的观察能力,除了可提供滑雪板的移动数据外,还可以记录使用者的位置和距离。在冲浪方面也是如此,安装在冲浪板上的 3D 运动追踪,可以记录海浪高度、速度、冲浪时间、浆板距离、水温以及消耗的热量等信息。

本章小结

本章介绍了智能化传感器、生物传感器、机器人传感器、微传感器的发展历史、概念、应用及特点。微传感器和 MEMS 正在使半导体工业领域发生一场新的变革。

思考与练习

1. 什么是智能化传感器?
2. 简述智能化传感器的功能。
3. 简述智能化传感器的特点。
4. 简述生物传感器的应用场合。
5. 机器人传感器主要可以分为哪几大类?
6. 微传感器的应用有哪些?

[1] 魏学业.传感器原理与应用[M].武汉:华中科技大学出版社,2015.

[2] 魏学业.传感器与检测技术[M].北京:人民邮电出版社,2012.

[3] 郝芸.传感器原理与应用[M].北京:电子工业出版社,2006.

[4] 林春方.传感器原理及应用[M].合肥:安徽大学出版社,2007.

[5] 唐文彦.传感器[M].5版.北京:机械工业出版社,2014.

[6] 吴建平.传感器原理及应用[M].3版.北京:机械工业出版社,2016.

[7] 张志勇,王雪文,翟春雪,负江妮.现代传感器原理及应用[M].北京:电子工业出版社,2014.

[8] 徐科军.传感器与检测技术[M].4版.北京:电子工业出版社,2014.

[9] 樊尚春.传感器技术及应用[M].2版.北京:北京航空航天大学出版社,2010.

[10] 戴焯.传感器原理与应用[M].北京:北京理工大学出版社,2010.

[11] 陈黎敏.传感器技术及其应用[M].2版.北京:机械工业出版社,2015.

[12] 付晓军,舒金意.传感器与自动检测技术[M].武汉:华中科技大学出版社,2016.

[13] 胡向东,等.传感器与检测技术[M].2版.北京:机械工业出版社,2013.

[14] 高晓蓉,李金龙,彭朝勇.传感器技术[M].2版.四川:西南交通大学出版社,2013.

[15] 马修水.传感器与检测技术[M].2版.浙江:浙江大学出版社,2012.

[16] 王庆有.光电传感器应用技术[M].北京:机械工业出版社,2014.

[17] 宋健.传感器技术及应用[M].北京:北京理工大学出版社,2007.

[18] 付华,徐耀松,王雨虹.传感器技术及应用[M].北京:电子工业出版社,2017.

[19] 赵燕.传感器原理及应用[M].北京:北京大学出版社,2010.

[20] 贾石峰.传感器原理与传感器技术[M].北京:机械工业出版社,2009.

[21] 王芳.热电阻式温度传感器的测温原理与应用[J].黑龙江冶金,2007,(1):32-35.

[22] 杨三序.电容式传感器在车辆检测装置中的应用[J].传感器技术,2004,23(9):74-76.

[23] 呼小亮,杜贵府,王雁.电容式传感器在液位测量中的应用[J].科技致富向导,2011,(17):120.

[24] 肖志红,祝耘,覃彪,董浩.电容式传感器在物料传送测量中的应用[J].石油仪器,2006,20(6):22-24.

[25] 贾雯杰,柴炜,张聪.光电式传感器在自动控制窗上的应用[J].科技传播,2011,(8):101-109.

[26] 丁喜波,张忠典,陆凤霞,孙宝军.光电式传感器原理及其应用[J].传感器与微系统,1996,(5):49-51.

[27] 王叶萍.光电式传感器在机械测试中的应用[J].南通职业大学学报,1999,13(3): 55-57.

[28] 盛国林,黄平.光电式传感器在现代工业生产中的应用[J].新技术新工艺,2014,(7): 1-3.

[29] 黄军芬,邹勇,曹莹瑜,黄民双.光纤式激光焊缝跟踪传感器[J].现代制造工程,2008, (1):108-109,120.

[30] 刘景利,苏兆斌.光纤传感器在油气勘探上的应用[J].国外油田工程,2009,25(6): 44-46.

[31] 靳斯佳,李丽宏.红外传感器在速度测量中的应用[J].电子设计工程,2010,18(10): 67-69.

[32] 曹瑞,包空军.基于超声波传感器新技术的应用[J].科技信息,2009,(3):491.

[33] 蔡卓凡.基于多超声波传感器避障机器人小车的设计[J].自动化技术与应用,2014,33 (5):85-89.

[34] 韩毅,杨天.基于红外传感器的智能寻迹赛车的设计与实现[J].计算机工程与设计, 2009,30(11):2687-2690.

[35] 叶伟国,沈国伟.压电式加速度传感器的结构改进与设计[J].仪表技术与传感器,2003, (9):1-2.

[36] 程开富.CMOS图像传感器及应用[J].半导体光电,2000,21(a03):25-28.